雕刻时光

中国邮票雕刻凹版口述史

董琪 编著

北京大学出版社
PEKING UNIVERSITY PRESS

图书在版编目（CIP）数据

雕刻时光: 中国邮票雕刻凹版口述史 / 董琪编著. —北京: 北京大学出版社, 2018.8
ISBN 978-7-301-29753-7

Ⅰ. ①雕… Ⅱ. ①董… Ⅲ. ①邮票–雕刻凹版–凹版印刷–印刷史–中国 Ⅳ. ①TS893–092

中国版本图书馆CIP数据核字（2018）第177162号

书　　　　名	雕刻时光——中国邮票雕刻凹版口述史
	DIAOKE SHIGUANG—ZHONGGUO YOUPIAO DIAOKE AOBAN KOUSHU SHI
著作责任者	董　琪　编著
责 任 编 辑	唐娟华
标 准 书 号	ISBN 978-7-301-29753-7
出 版 发 行	北京大学出版社
地　　　　址	北京市海淀区成府路 205 号　100871
网　　　　址	http://www.pup.cn　　　新浪微博：@北京大学出版社
电 子 信 箱	zpup@pup.cn
电　　　　话	邮购部 010-62752015　发行部 010-62750672　编辑部 010-62767349
印 　刷 　者	北京中科印刷有限公司
经 销 者	新华书店
	730 毫米×980 毫米　16 开本　24.25 印张　291 千字
	2018 年 8 月第 1 版　2018 年 8 月第 1 次印刷
定　　　　价	98.00 元

雕刻凹版艺术融艺术性、工艺性、科技性于一炉，其手工雕刻技法脱胎于14世纪的欧洲金属雕刻凹版画，金属雕刻凹版画曾在欧洲几个世纪中创造出辉煌的历史。在实用领域，为适应近代社会经济发展需要而产生的钞、邮、券，均要求具备强大的防伪性能。雕刻凹版所蕴含的精密、凹印、不可复制等特点，满足了必须的防伪性要求。雕刻凹版艺术从此成为近代以来应用最为广泛的艺术形式。一百多年来，中国几代从事雕刻凹版专业的雕刻师潜身于神秘的特种印制行业中，姓名鲜为人知，而作品却广为流传。

至博大而尽精微

李近朱

新中国第三代邮票雕刻师董琪编著的《雕刻时光——中国邮票雕刻凹版口述史》一书，即将出版。这部书以中外"雕刻凹版"艺术为主线，多层面多视角展示了这一界域的来龙去脉与魅力。与雕刻凹版要有聚焦一样，"雕刻时光"叙说的聚焦点，正是人们熟悉的邮资凭证，即有着"国家名片"誉称的博大而精微的邮票。

《中庸》有曰："致广大而尽精微。"艺术大师徐悲鸿曾易之"尽精微而致广大"，为美术学院校训。古语今用，使其所涵更广。面对本书，再易之，以作序题，曰："至博大而尽精微。"这本书所阐释的，正是为"至"方寸邮票所蕴含的"博大"内容，雕刻艺术家是怎样地"尽"了"精微"。

说到雕刻凹版，这部书涉及邮票，也涉及邮票以外的内容，如钞券等超出"微型"尺幅的载体。但全书叙述的主体，依然是"精微"的雕刻艺术品——邮票。为了让受众更深入地认识和认知邮票中的雕刻凹版艺术，在进入这个主旨内容之前，本书回顾了中外雕刻凹版的历史；并以"雕刻凹版与版画""雕刻凹版与印制"为题，从大美术范畴和社会应用领域，简述了世界版画史和邮票的印制过程。在勾勒出雕刻凹版艺术大背景的基础上，作者才以"至博大而尽精微"的视角，落笔于邮票这个"微型艺术"中的"微型艺术"——邮票的雕刻凹版。

这部书回顾了中国邮票雕刻凹版的发展历程、时代背景、名家名作，让还在躬耕于方寸艺术领域的邮票的雕刻家、设计家、集藏家、印制专家以及美术家等人物出面，以见证者、亲历者、评论者等多个视角，讲述了邮票以及在邮票中"尽精微"的艺术创作。就这样，《雕刻时光——中国邮票雕刻凹版口述史》这部书引领着我们走近了以及走进了邮票设计与雕刻的艺术世界。

自1878年清代"大龙邮票"问世以来，人们在方寸"阅微"之中，回望了中国邮票百余年的履迹。从中国第一套雕刻版邮票，亦即大清邮政正式发行的"蟠龙邮票"始，到民国时期，以至在解放区人民邮政时代，直至20世纪五六十年代的新中国岁月中，邮票雕刻凹版这项"精微"艺术，成为邮票设计与印制的主要表现形式，并有大量雕刻版邮票的精品传布于世。即使在战争的艰苦时日里，雕刻师们仍用简朴的石版、木版雕刻下的线条，留住了变幻的时代风云。在方寸画幅中，邮票精彩地表现了时代与社会的万象大千，也在精雕细刻的线条中，蕴涵着雕刻凹版的不凡技艺和魅力。

历史上，钞邮券的雕刻同根同源。钞券的雕刻艺术家，同时雕刻着邮票。1949年新中国成立，1959年邮电部组建专业的邮票雕刻团队，十余年间新中国第一代邮票雕刻家中的五位大家，均来自于印钞界域。目前，传承至第四代的中国邮政年轻的雕刻师，已出现在邮票的方寸舞台上。历经百余年来的传承，富有中国文化特色的中国雕刻版邮票，成就了中国雕刻凹版艺术的精品与经典，展现了中国传统文化的深厚。"尽精微"雕刻下的线条，犹如一道道"年轮"，见证了中国邮票艺术的前行履程。方寸天地间，一个多世纪的过隙时光，几代艺术家的人生岁月，提炼出一句诗意话语：雕刻时光。

雕刻时光，朗朗四字，叙说了中国艺术家如何以博大精微的匠心，雕刻出了中国邮票的精彩；道出了中国雕刻版邮票如何在岁月的积淀中，呈现出直击人心的艺术力量。

在中国邮政集团公司邮票印制局，董琪作为中国邮票雕刻承上启下的第三代雕刻师，是一位集雕刻、设计与绘画于一身的青年艺术家。在躬耕方寸天地之时，她有感于雕刻凹版在邮票这个"至博大而尽精微"领域的丰富表现力，在相关部门和领导支持以及专家学者的帮助下，悉心采撷、编撰，出版了这部研谈雕刻凹版艺术以及中国雕刻版邮票的书。

《雕刻时光——中国邮票雕刻凹版口述史》这部书的口述部分，以与亲历者的面对面访谈，用现身说法与具体的艺术实践，真切真实地回望了百余年来中国邮票雕刻版技艺的发展历程，并论及中国雕刻版邮票的艺术成就与成因。书中，董琪所访谈的诸多名家，从不同角度聚焦在邮票的雕刻上，解读了犹如"年轮"一般的中国雕刻版邮票的历史沿革，解释了雕刻版邮票在艺术上和技术上的特点；将雕刻版的"点线"力量，特别是"线条的力量"，严谨呈现在读者面前。以此为基础，董琪完成了这部既有专业水准又具可读性的关于雕刻凹版艺术和邮票雕刻艺术的著述。

本书还以邮票雕刻创作为主体内容，经由多方佐证，对于雕刻版邮票的特征与防伪优势，作了准确叙述与翔实描述。书中，多位邮票雕刻家和设计家以自己的作品为例，以亲历的事实，具体讲述了雕刻版邮票复杂而精深的表现手法，并提升性地揭示出雕刻版邮票作为中国传统艺术传承与创新的载体所蕴涵的文化力量。

本书还概括了雕刻凹版技艺的共性，提出"线条的力量"这个概念。诚然，绘画中"点线"的刻画往往见功力，显风采；但置于邮票这个微型空间中，"点"与"线"，特别是"线条"，更能成为邮票一展艺术之美与技术魅力的重彩。全书以人、事、物，探索了"至博大而尽精微"的艺术效果与艺术规律。

本书还具象表述了在邮票的设计与印制中，雕刻版往往在1毫米极其精微的高密度间，容下多达十余条布线，并实施精细、精密、精湛的传统手工雕刻或现代电脑的数字雕刻。这个"微型艺术"的创作过程，其技术含量之高，艺术水平之高，以及对于雕刻师在绘画功底和对于作品解读与领悟等方面的要求之高，堪为邮票方寸艺术创作中的一个制高点。这个并不简单的三"高"，恰恰彰显出雕刻版邮票作为"微型艺术"所独有的一种"艺术科学"特质。全书以亲历者的视角，阐释了雕刻技艺在科技时代的演变与发展。

邮票是"微型艺术"。雕刻凹版运用在邮票中，是"微型艺术"中的"微型艺术"创作，亦即为"至博大"，穷艺术功力而"尽精微"。

百余年来，邮票雕刻版所体现出的高超的艺术造诣，以及精湛的技艺水准，有赖于雕刻艺术家所具有的大国工匠精神。他们之中的艺术大家和前辈，有的已经辞世；但其后几代人的忆往与追念，依然奉他们为"雕刻时光"的"主角"。几代人共同展陈深蕴艺术造诣的艺术成果，以文字和口述的亲历亲为，记录了这些艺术家在邮票上是怎样刻镂下一道道艺术"年轮"，是怎样创造了雕刻版邮票的艺术辉煌。

贯穿本书的主线，是对于中国传统文化的认知与尊崇。全书所传播的，不仅仅限于"尽精微"的艺术与技术层面上的表述，更以中国传统艺术丰厚博大的视野，表达出我们的"文化自信"。已取得的成就和成功，正为中国邮票雕刻版的前行与进步，作出有意义的启示。

在缓缓流逝的时光里，在方寸微型的画幅中，这些大国工匠在"尽精微"的漫长岁月中，执着地雕刻着。

这是"雕刻时光"。这个"雕刻"，雕刻了历史的悠久，雕刻了艺术和技术的瑰丽，也雕刻了方寸邮票的未来。读这部书，人们不仅观看了"时光"掩映中的雕刻画面，还在追寻"年轮"一般的"时光"在邮票线条之中留下的历史印迹。

这是"雕刻时光"。人们看到了"雕刻"，也看到了"时光"。这雕刻，在于它展现了自身的魅力与感染力，还在于它揭示出中国传统文化的深远与博大。这时光，在于它叙说了雕刻凹版的前世与今生，还在于它探看了邮票雕刻凹版艺术的广阔未来。

在本书中，可以读到"博大"，那是邮票作为"国家名片"的本质本真，是邮票所包容的价值重量；而"至"，则是邮票在艺术表达上的一个期望与目标。

在本书中，可以读到"精微"，那是邮票运用了雕刻凹版艺术，在微型艺术中创造着"微型艺术"；而"尽"，则是艺术家在邮票创作中所付出的心血与才华。

面对已走过140年风雨历程的中国邮票，特别是近70年的新中国邮票，这部书作为雕刻凹版艺术诸多课题的一个记录，它的价值也会"雕刻"在中国邮票的设计与印制的现实与历史中。

向"至博大而尽精微"的邮票雕刻凹版艺术致敬！

恭祝本书的出版。是为序。

前言

J.70《传邮万里，
国脉所系》

在传统概念中，邮票被誉为"国家名片"，方寸之间，体现了一个国家或地区的历史、科技、经济、文化、建设等成就以及风土人情、自然风貌等，在"邮学"的集藏领域被冠以"王者之好"。邮政服务保障了公众基本通信权利，邮票使用则让通信寄递更加便捷。纵观邮票的历史，自1840年世界上第一枚邮票在英国诞生至今，邮票作为"邮资凭证"，使用者多，覆盖面宽，宣传面大，时代性强，传播范围广。邮票的精微版面，丰富博大的内容，折射着文明的光彩，彰显着文化的魅力，体现着文物的价值，"以票带史"，又能"以史带票"。周恩来总理曾题词"传邮万里，国脉所系"，中国邮政并于1981年发行了邮票予以纪念。

同时，邮票为普及美术，为广大人民群众的"美育"起到了广泛的传播作用。在通信科技飞速发展的今天，人们对邮票的认知价值正在发生变化，由实用性向审美性、收藏性和研究性转变。也许，在科技发展的未来，邮票将成为研究人类社会发展的重要文物，既可做微观审美、防伪性的研究，又可做文明史的宏观研究。邮票，本身是一种文化现象，也具有文化传播的使命与功能。

纪2《中国人民政治协商会议纪念》（1950年发行）
新中国第一套雕刻版邮票

世界上第一套邮票"黑便士"（1840年英国发行）

2018年是中国邮票发行140周年，也是钢雕刻凹版技艺正式引入中国110周年。引入钢雕刻凹版和雕刻版印刷技术是我国正式发行、流通纸币和创建近代邮政的标志之一，印钞与邮票的雕刻凹版技艺同根同源，迄今为止，我国已传承五代雕刻凹版师。雕刻凹版源于版画，从欧洲文艺复兴时期开始，延续了长达几个世纪的辉煌历史。雕刻凹版艺术性与防伪性兼备，因此应用于世界各国的钞票、邮票及重要有价证券。采用雕刻凹版艺术形式表现、用雕刻凹版印制方式印制的邮票，称为雕刻版邮票。在我国发行的邮票中，雕刻版邮票约占1/4，其中早期邮票基本都是雕刻版邮票。由于雕刻凹版的独立性、工艺性以及防伪的特性，加之雕刻凹版工艺步骤繁复、学习周期漫长，因此，雕刻高手深藏于特殊印制行业内部。目前，全世界邮票雕刻师已经十分少见了。雕刻凹版成为近代以来应用最为广泛的艺术形式，颇具神秘色彩。

清朝"伦敦版蟠龙邮票"
（1898年发行）
大清国邮政第一套邮票

民纪1《中华民国光复纪念》和民纪2《中华
民国共和纪念》（1912年发行）
民国第一套邮票

　　作者作为新中国第三代邮票雕刻师、设计师，在多年从业的过程中，有幸经历了传统手工雕刻凹版以及现代数字化雕刻凹版的不同发展阶段，同时接受了中国第二代邮票雕刻前辈的师承传授，也接受了欧洲雕刻凹版名家的系统教学。回望一百多年的"雕刻时光"，作者被中国五代钢凹版雕刻师"敬业、精益、专注、创新"的大国工匠精神所深深感动，艺术家们的毕生奉献以及留存于世的精典作品，都激励着作者要记录下我国邮票雕刻凹版的发展历史。雕刻凹版源自版画，作者在研习的过程中寻根溯源，研习版画历史和技艺，拜访雕刻凹版名师、美术大家、印制专家、集邮文化推广研究专家、集藏家、历史学家等三十余人，结合史料及采访口述，将学习心得和撷取的宝贵史料精心整理并呈现给广大读者，供广大读者和收藏爱好者阅考。文中不足之处恳请指正，以得日后完善，在此向大家表示衷心感谢！

目 录

第一章　**中国雕刻凹版概述** / 1

雕刻凹版始初建 / 2

东渡求学路漫远 / 7

战云笼罩黯钞券 / 12

中华凹雕扬风帆 / 14

国运荣昌振凹刻 / 23

技法相承两岸连 / 32

钞邮雕刻本同源 / 33

大国工匠兴驿传 / 34

西艺东来越百年 / 58

纪元开启写新篇 / 60

记录港澳话台湾 / 63

第二章　**雕刻凹版与版画——世界版画史简述** / 69

第三章　**雕刻凹版与印刷——浅谈邮票的印制形式** / 79

第四章　**钞券雕刻家** / 89

父女相承，"算房高"的雕刻情缘　高振宇　口述 / 90

用刻刀记录时代、传承文化　高铁英　口述 / 101

新中国第一位女钢凹版雕刻家 赵亚云 口述 / 102

发现韵律之美 雕刻的绘画性 赵启明 口述 / 113

赵樯感受的海趣艺术 赵樯 口述 / 122

同气连枝钞邮雕刻家 孔维云 口述 / 124

凹"雕"侠侣之马荣,大国工匠中技反哺 马荣 口述 / 133

第五章　**邮票雕刻家** / 143

跌宕邮票生涯 孙经涌 口述 / 144

不信己之赵顺义 赵顺义 口述 / 155

我追求的"苦"与乐 呼振源 口述 / 164

雕刻无"疆",由刀及笔 董琪 自述 / 174

师遇北欧,生为邮雕 马丁·莫克(Martin Mörck)口述 / 189

第六章　**美术家、邮票设计家** / 199

艺无边界,特立邮缘 韩美林 口述 / 200

三十六年前往事拾珍 邵柏林先生谈雕刻版邮票 / 209

画"痴"邮缘,勿忘民族性 李德福 口述 / 222

艺术的融合 李晨 口述 / 235

目 录

第七章　**集藏家** / 249

七十年太短，邮票值得爱一辈子　李伯琴　口述 / 250

三界通感，藏成一家　李近朱　口述 / 264

集邮使我的人生多姿多彩　冯舒拉　口述 / 279

"华邮国宝" 红印花小字当壹圆四方连　刘建辉　口述 / 287

第八章　**邮票印制专家** / 293

三厂构架师，制度重塑设计　董纯琦　口述 / 294

方寸世界 邮印一生　董凤阳　口述 / 302

邮票要往里面看　林裕兴　口述 / 312

第九章　**集邮文化推广、研究专家** / 325

情系方寸责所寄　刘建辉　口述 / 326

我的邮票 我们的《集邮》　刘劲　口述 / 335

参考文献 / 347

中国邮票雕刻凹版发展大事记 / 348

新中国雕刻版邮票一览（1949—2017）/ 351

第一章

中国雕刻凹版概述

雕刻凹版始初建

  中国清朝官方发行雕刻版邮票比较早，1878年中国的第一套邮票——"大龙邮票"（活版凸印）是由清朝政府的海关总税务司经总理各国事务衙门授权发行的。1897年，为适应开办邮政新业务的需要，大清邮政便将库存的"红印花"（雕刻版）加盖文字改作邮票使用。

  1896年3月20日，在维新派的积极建议下，光绪皇帝正式批准开办大清国家邮政。1898年，由大清邮政正式发行的第一套邮票——"蟠龙邮票"（伦敦版）正是雕刻版。自1878年到1911年间，大清邮政共发行了31套邮票，基本上为雕刻版邮票，但都是委托外国印制的，而且此间发行的邮票图案内容相对单一，以"龙"居多。

  要谈邮票，还得从印钞说起。因为世界各国的钞票与邮票的雕刻凹版，历来是同根同源。

  20世纪初叶，清廷腐朽，外忧内患，民不聊生，国家危如累卵，当时有识之士目睹国运衰微，金融凋敝，纷纷奏请朝廷，效法西洋，发行纸币。光绪三十一年（1905），为整顿金融、改革币制，着手发行纸币，清政府成立了最早的中央银行——户部银行（后大清银

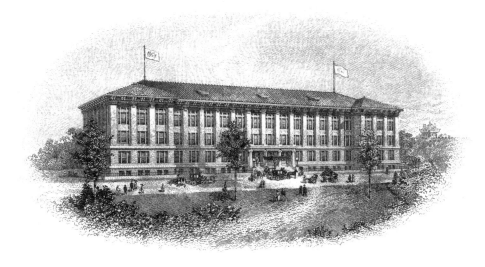

清末度支部印刷局大楼

行）。1907年上半年，清政府下旨批准度支部（原户部）建立印刷局，同时派专人赴美国考察印刷局规模，购置印刷机器，以及聘请技师等。通过考察发现，美国钞票公司规模宏大，拥有当时世界一流的钢雕刻凹版及印制技术，钢版质地坚韧，细密耐印，精美清晰，层次分明，很难造假，这些优点更胜铜版凹印一筹。清光绪三十四年，清政府按"美京国立印刷局"之成规，选定北京右安门内白纸坊，兴建度支部印刷局。这年冬，度支部以重金聘请美国著名钢版雕刻技师海趣、手工雕刻技师格兰特、机器雕刻技师基理弗爱、花纹机器雕刻技师狄克生、过版技师司脱克以及工厂建造技师韩德森等人进入印刷局工作，传授钢雕刻凹版及制版技术；同时，陆续引进一批先进的雕刻设备。自此，中国印钞业和钢版雕刻凹版开始起步。

海趣（Lorenzo J. Hatch），1856年生于美国佛蒙特州多塞特。他的父亲善于石碑雕刻，海趣14岁时，父亲去世。海趣是长子，家中还有两个年幼的妹妹。面对家庭的变故，为了帮助母亲，海趣少年时就步入社会，到纽约一家珠宝店做学徒。受父亲的熏陶，他的雕刻才华逐渐显露。海趣16岁时，在铜版上雕刻了一幅美国第一任总统乔治·华盛顿的头像，引起了正在度假中的美国印制局主席乔治·麦肯卡特的注意。不久，18岁的海趣很快进入印制局，成为那里最年轻的见习生，

美国钢凹版雕刻家海趣

从此开启了雕刻师的职业生涯。在联邦印制局，海趣的才华得到充分发挥，他逐渐跻身于全美最著名的雕刻师队伍中。他雕刻的《第一建筑》在美国印制局百年历史的雕刻版中荣登第二。33岁时，海趣辞去公职，先后在芝加哥的西方钞票公司和纽约的国际钞票公司任职，他雕刻的"印第安酋长"成为西方钞票公司的标志，这幅作品后被收录在美国印钞公司出版的"经典系列"中。1889年，同时作为画家的海趣在芝加哥举办了个人画展。1908年，海趣应清政府之邀，远渡重洋，经夏威夷辗转到达中国上海，由上海入京，进入位于北京白纸坊的度支部印刷局工作。

清朝印制纸币的历史发展顺序依次是：木版印刷——石版印刷——铅版印刷——铜凸版印刷——钢凹版印刷。海趣给中国带来了当时世界上最先进的手工钢版雕刻凹版技术，负责培训中国第一代手工钢雕刻凹版师。海趣任技师长，负责产品设计、雕刻、制版和传授技术。

大清银行兑换券（海趣雕刻）

清宣统三年印制的"大清银行兑换券"（俗称大清钞票），是我国货币史上首次由官方采用钢雕刻凹版工艺印制的钞票。大清银行兑换券由海趣主持设计并雕刻。当时晚清小皇帝溥仪年仅3岁，容貌过于稚气，于是便采用了溥仪父亲摄政王载沣的半身肖像。海趣在王府着官服拜见了当时年仅26岁的摄政王载沣，他们相谈甚欢。这位年轻英俊的摄政王给海趣留下了极深刻的印象，他把载沣的形象雕刻得器宇轩昂，栩栩如生。大清银行兑换券共四种券别，分为壹圆、伍圆、拾圆、佰圆。这四种券别的票面左方主图相同，都是摄政王载沣像；背景上方图也一样，为大海云龙阳光普照图。所不同的是右方主图，壹圆为航帆远洋图，伍圆为威武骑兵图，拾圆绘制了万里长城图，佰圆绘制了农田耕作图。这组雕刻非常有特点，既有中国绘画中龙腾云霄的写意，又有西方人像、风景的细腻写实，艺术形式东西合璧，结合巧妙，技艺精湛。"大清银行兑换券"于1911年3月1日正式印刷，成为中国政府钢凹版印钞之始。1911年10月，辛亥革命爆发，1912年2月清帝逊位，这套钞票未来

海趣和格兰特携家人在度支部印钞局

得及发行便宣告流产，因此存世极少，为收藏界争相收藏的珍品。

海趣来华是中国雕刻凹版发展史上的开篇。雕刻凹版技艺被誉为"金融里的艺术"，这一艺术，古典而高雅。海趣教授学生，首先从绘画开始，让学生学习西方素描和油画，他经常带学生外出写生。在学习绘画基本功两年后，他让每位学生选交素描和油画各三幅作品。随后，他让学生再转入雕刻技艺的学习，先从仿刻海趣雕刻的大清银行兑换券开始，然后雕刻各自的素描作品。这些学生考入印刷局之前，都有一定的铜版雕刻经历，加上海趣严格的教授和学生们自己的刻苦学习，他们进步很快。

正当学生们雕刻的"殖边银行兑换券"于1914年年底发行之际，令人痛心的事发生了，同年2月，合同期未满，海趣——这位从美国远涉重洋而来的雕刻大师因病逝世，魂留东土。他的遗体由政府派遣的两位官员护运回美国，安葬在他的家乡。当地民众为纪念这位出色的艺术家，在他的家乡建立了海趣博物馆。

1915年，在农商部展览会上，海趣指导的学生中，有五人的油画作品获奖，名列二等奖至特等奖。同年，在国际巴拿马赛会上，海趣的学生代表中国参赛的中国钢雕刻凹版作品荣获巴拿马奖状，财政部为他们颁发了一枚名誉优等奖章。学生们以优异的成绩回报了海趣先生的精心传授，告慰了海趣先生的在天之灵。海趣团队和他们教授的以吴锦棠、阎锡麟、李浦、毕辰年等人为代表的中国第一代手工钢雕刻凹版师队伍，是中国近代印钞钢雕刻凹版技术的传播者和奠基人，开启了中国近代印钞事业的新篇章，为中国的雕刻凹版事业发展做出了巨大贡献。

海趣过世后，除手工雕刻技师格兰特外，团队中另外几位成员先后解约回国，格兰特续签合约至1927年，民国早期邮票的原版雕刻多出自格兰特。

东渡求学路漫远

雕刻凹版技法繁复，以材质不同分为两种，即钢版雕刻和铜版雕刻。钢版雕刻速度慢，雕刻点线细腻，版面硬度高，适合大量印制。铜版材质软，在当时不适合大量印制，但雕刻速度相对钢版快很多，可以长线条雕刻，可表现的技法也很多样。

雕刻技法源自欧洲14世纪金属雕刻凹版画，材质以铜版为主，所以又称为铜版画。铜版画传播非常广泛，直到今天，仍然是版画专业的主要版种。钢版相对铜版出现的时间较晚，由于钢版的材质优点，在钞券、邮票雕刻上便以钢版为主流。中国虽然引入铜版雕刻技法早，但应用在钞券上要比欧美、日本晚，因此中国雕刻凹版深受欧美、日本的影响。

继海趣来华后，雕刻凹版的另一位开拓者沈逢吉远涉东洋，开启了对中国雕刻凹版发展有着里程碑意义的东行之旅。

沈逢吉，字迪人，江苏常州人，1909年考入商务印书馆，主攻雕刻凹版。1912年，中国图书公司选拔优秀人才，由上海名家李平书和该公司总经理唐驼两位先生资助，沈逢吉远赴日本，进入凸版印刷株式会社，师从日本著名雕刻家细贝为次郎，专攻雕刻凹版技术。

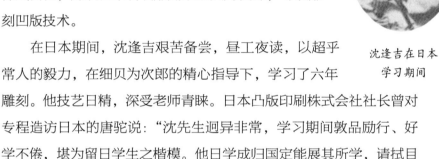

沈逢吉在日本
学习期间

在日本期间，沈逢吉艰苦备尝，昼工夜读，以超乎常人的毅力，在细贝为次郎的精心指导下，学习了六年雕刻。他技艺日精，深受老师青睐。日本凸版印刷株式会社社长曾对专程造访日本的唐驼说："沈先生迥异非常，学习期间敦品励行、好学不倦，堪为留日学生之楷模。他日学成归国定能展其所学，请拭目以待可也。"

沈逢吉身在异国他乡，深切感受到日本之强盛以及中国之落后。沈逢吉归国后曾说："日本之立国方针，多仿效德国，吾国人万众一心。取人之长，舍己之短，他日必然富强。"

回国当年，沈逢吉被当时的中华民国北京政府财政部印刷局聘任为雕刻部长，开始教授学生学习雕刻凹版技艺。虽然学习源头不完全一样，但沈逢吉的教授方法与海趣大致相同，两人均重视绘画的基础教学。沈逢吉要求新生最初两年以学习绘画为主，并亲自授课。学习期间，沈先生非常注重学生的日常洒扫功课，以磨砺他们专注认真的心智。两年学习期满，到第三年，学生们才开始学习雕刻技艺。练习时，他要求学生先在铜版上用圆规画出层层相套的圆，让他们一圈圈均匀地雕刻，力求雕刻的粗细、深浅一致。沈逢吉用这种严格的训练方法，磨练学生们的耐心，使他们练就了一手扎实的刀功和针功。

沈逢吉像（孙文雄雕刻）

沈先生之学生唐霖坤雕刻

沈先生之学生孔繁藻（孔绍惠）雕刻

1922年，中华书局仰慕沈逢吉的才能，特设雕刻科，聘任他为雕刻主任，以培养雕刻人才。当时，中国钞邮券印刷技术设备短缺，均由英、美、日等国承印垄断，市场长期受他人控制。为了摆脱这种局面，1931年，沈逢吉与朋友创建了中国凹印公司，印制浙江地方银行钞票和政府印花税票。之后，他又发起组织中国印刷学会，并担任第一届执行委员，与同行钻研印刷技术。当时，凹印业生意兴隆，沈先生经营的公司经常要日夜加班，才能满足用户的交货要求。

令人十分痛惜的是，沈逢吉归国不久即因劳累过度，罹患肺病，于1935年1月病逝于上海，年仅44岁。综观沈先生短暂的一生，除留下了许多宝贵的作品以外，沈先生对中国雕刻凹版的最大贡献就是，他培养了许多凹印界的后继栋梁之材。沈先生前后教授过的学生有四十多人，其中勤奋自励、技艺精湛者不在少数。1930年以后，他的学生雕刻技法逐渐成熟，开始在凹雕行业中取得了大量的优异成绩，其中唐霖坤、孔绍惠（又名孔繁藻）、赵俊等均成为当时的翘楚。当今海峡两岸的雕刻家中，有不少推沈逢吉为宗师的。其中，唐霖坤、孔绍惠两位先生成为新中国第一代邮票雕刻师，为新中国的雕刻版邮票发展奠定了坚实的基础，做出了巨大的贡献。

1986年4月，中国凹雕界发生了一件值得纪念的事——应中国印刷协会邀请，移居美国的凹雕界老前辈赵俊先生，携多年收集珍藏的世界雕刻凹版原版印样以及他本人的雕刻作品，在中国邮票博物馆隆重展出，受到北京印刷、美术、凹雕等各界人士的热烈欢迎。

赵俊12岁就师从于沈逢吉，他性情敦厚、勤勉好学，深受沈逢吉喜爱。赵俊28岁时雕刻孙中山头像，用于中国17种钞券上，深受国内外业界权威的好评。34岁时，正值艺术巅峰时期，赵先生告别了他深爱的雕刻凹版艺术，出任中华书局香港厂厂长。他为雕刻凹版事业的发展做出了很多贡献。

沈逢吉早年留学日本，临终时感怀师恩，曾嘱托赵俊他日代师报答细贝为次郎先生。1962年，赵俊兑现承诺，专程赴日查访细贝为次郎先生的后裔。二十多年后，赵俊先生又捐出一笔钱，请日本凸版株式会社代为纪念细贝为次郎先生。日方极为感动，在箱根建造了一座象征恩如泉涌的喷水池，池边立一石碑，名为"饮水思源"，并请赵俊先生撰文，作永久纪念，以表达对中国人尊师重道传统的敬意。

但令赵俊耿耿于怀的是，日本投降后，他在中华书局香港厂工作时，发现沈逢吉先生所雕刻的伍廷芳博士像以及他与沈逢吉先生合作雕刻的韩国钧先生像等这些未发行的邮票原版竟然不见了。赵俊清楚地记得，这些原版在日军占领香港数周前是他亲自藏匿在版库里的，所以赵俊确信为日本人所窃取。这些很有价值的邮票原版究竟流落何处，终成不解之谜。

此后数十年，赵先生勤耕不辍，收集世界各国雕刻凹版名作，撰写中国雕刻凹版文章，在业界颇有影响。

伍廷芳博士像（沈逢吉雕刻）

战云笼罩黯钞券

1911年辛亥革命爆发后，南京临时政府建立，孙中山被推选为临时大总统。1912年1月，中华民国正式建立。3月10日临时政府解散，以袁世凯为首的北洋势力主政中国，政局动荡不安。

此时，民国政府在1912年发行了第一套邮票，也是民国第一套雕刻版邮票——民纪1《中华民国光复》和民纪2《中华民国共和纪念》，两套纪念邮票几乎同时发行，因此，这两套分不清发行时间的纪念邮票被并行记录为民国时期的"第一套邮票"。这两套邮票的发行折射出了当时政局的不稳和时局的动荡。这两套邮票正是由海趣和格兰特所雕刻，是财政部印刷局（晚清度支部印刷局）印制邮票的开端，也是我国采用钢雕刻凹版印制邮票的开端。

当时的中国在袁世凯死后，北洋政府分裂成直皖奉三派，军阀割据，民不聊生，金融体系混乱，市面流通的纸币繁杂，有本国与外国银行券、地方政府或军阀发行的地方券，还有银号钱庄的庄票、私票等。银行券、地方券当时除委托英美等国家印制外，国内的商务印书馆、中华书局、大东书局、大业公司等均有印制。

直至1928年北伐成功，国民政府从形式上统一中国，在上海成立了中央银行，1935年国民政府进行了第一次币制改革。1936年，国民政府授权中央银行、中国银行、交通银行以及中国农民银行这四大银行发行法币（"法定货币"或"法偿币"的简称）。四大银行的纸币均委托国外印制。1937年，抗日战争全面爆发，到1940年，中国海岸线全部被日军封锁，作为陆运补给线的滇缅公路也被日军切断，钞券运输只能以极大的代价，依赖陈纳德将军统领的"飞虎队"进行空中投运。

1935年，国民政府成立中央信托局，为印钞事宜筹设工厂。1941年7月1日，鉴于时局需要，国民政府公布《钞券统一办法》，收回其他三家银行的发行权，将钞券发行权集中于中央银行。抗日战争爆发后，国民政府自南京迁至重庆，地处重庆市的"浮图关"改名为"复兴关"，所立牌楼中间书有"还我河山"与"抗战建国"字样，两侧书有"自立"与"更生"字样。"复兴关"三字书于城门上，象征着民族复兴之意。因此，复兴关风景被应用到当时的法币雕刻中。以复兴关风景为主题的法币共有14种，面额由拾圆至伍仟圆不等，其中，面额拾圆法币的复兴关风景是由雕刻凹版家华维寿先生雕刻的。由于当时电镀雕制印版技术和设备尚未引进，因此雕刻原版印制后容易损坏，需要再重新雕刻原版，所以前13种复兴关风景共雕刻了13次，周柏云、鞠文俊先生等雕刻家都雕刻过复兴关风景。

第一位雕刻四大银行发行的法币中孙中山先生头像的雕刻师是美国人。华维寿先生则雕刻了由中央银行发行、中央信托局印制的伍佰圆券中的孙中山先生头像。1945年3月1日，中央信托局奉命改组为中央印制厂，赵俊先生雕刻的孙中山先生头像用于改版后的伍佰圆券上。

1911年到1949年间，战火不断，时局动荡，通货膨胀不断加剧，法币大幅贬值，使人民彻底丧失了信心。为此，国民党当局决定实施第二次币制改革。1948年8月23日，南京政府发行了金圆券。1949年7月2日，国民党当局眼看金圆券几近废纸，不得不废止金圆券。第二次币制改革不到一年即告失败。

手工钢凹版雕刻工具

从1912年到1949年，民国共发行了235套邮票，这期间邮票由印钞厂家来承印，同样，大多数为雕刻版邮票。民国发行的邮票同钞券的命运一样，辗转跌宕，始终笼罩在战云之中。

1949年解放战争胜利，新中国成立。国民党当局撤往台湾，随国民党当局去往台湾的雕刻师有李炳乾、陈廉惠等人，他们在台湾雕刻了新旧台币、邮票等，培养了台湾雕刻凹版人才，成为中国雕刻凹版艺术的一部分。当时，大多数雕刻师由地下党保护，留在了大陆，投身于新中国的建设事业。

中华凹雕扬风帆

1949年10月1日，中华人民共和国成立。谈起新中国人民币最初的设计雕刻，必须提到吴锦棠和吴彭越父子。

吴锦棠师从于海趣，他是继海趣、沈逢吉之后中国凹雕界的一流

纪24《保卫世界和平》（第三组）

纪9《中国共产党三十周年纪念》

艺术家，他一生雕刻了大量的钞邮券。

1891年，吴锦棠生于天津，从小家境贫寒。1907年，16岁的吴锦棠自谋生计，来到天津官报局学习铜版雕刻技艺。在这里，他主要雕刻地方有价证券或地方钱庄银票。1908年，清廷度支部印刷局招募艺徒，他征得父亲同意，与毕辰年、阎锡林等好友一起奔赴北京，参加印刷局的考试，结果被印刷局首批录取。后来，他一直跟随海趣学习钢版雕刻技艺。早期雕刻师做学生时，都是十几岁的少年，而且当时雕刻师的地位很高，一位雕刻师的月薪是一名普通印制工人的一百倍，高薪激励之下，学生们都非常刻苦好学。吴锦棠先生学习技艺时，悟性极高，再加上他勤奋刻苦、成绩优秀，深受海趣的赏识。于是海趣委派他担任学生（艺徒）组组长。

吴锦棠先生擅长风景、人像雕刻，他创作了《海趣像》《石舫》《耕织图》《印刷局鸟瞰图》等作品。1914年，海趣先生病逝，吴锦棠等人遂独立承担重任，雕刻了大批钞券和邮票，其中最主要的是民国时期首发钞票"殖边银行兑换券"。1915年，以吴锦棠等人为主雕刻的部分钢版作品，在巴拿马国际赛会上荣获金奖，这是中国人在国际上首次获得的印钞类奖项。随后，吴锦棠担任中华民国北京政府财政部印刷局钢版科科长，主持印刷局艺术传习所工作。他在雕刻大批钞券的同时，积极培养新人。30年间，他在人像雕刻方面培养了多位雕刻师，其中著名的有吴彭越、林文艺、宋广增、高振宇等人，这些人后来成为新中国雕刻凹版的骨干力量，为新中国雕刻凹版事业的发展做出了重要贡献。

清末建立的度支部印刷局，经过动荡年代的几次更名，于1949年2月董必武同志到厂视察后，更名为"中国人民印刷厂"。随着全国生产建设的恢复，1950年经中国人民银行批准，又更名为"北

纪18《庆祝亚洲及太平洋区域和平会议》

京人民印刷厂"。1951年，已60岁的吴锦棠，雕刻了票幅尺寸仅为
18mm×20.5mm的普5《天安门图案》（第五版）（全套6枚）、特
1《国徽》（全套5枚）以及纪9《中国共产党三十周年纪念》（全套
3枚）。1952年，吴锦棠又雕刻了纪18《庆祝亚洲及太平洋区域和平
会议》中的其中一枚，1953年雕刻了纪24《保卫世界和平》（第三
组）中的其中一枚。

吴先生雕刻的邮票刀法细腻、版面精美，整体画面庄重而祥和，
充分展现了吴先生雕刻技艺的精湛，也体现出新中国建设初期全民投
身祖国建设的高涨热情。

吴彭越，生于1922年，天津人，其父就是中国第一代凹雕家代
表人物吴锦棠先生。吴彭越深受家庭环境的熏陶，少年时期的他便
立志要成为像父亲一样优秀的雕刻家。1938年，16岁的吴彭越以优
异的成绩考入财政部印刷局艺术传习所，学期6年。学习科目除了文

科及艺术等必修课程外，还学习版画技艺，大部分时间学习钢版雕刻。后来，吴彭越又考入国立艺专（中央美术学院前身）。当时正是日伪时期，印刷局大量裁员，迫于生计，吴彭越在艺专仅仅学习了两年便辍学复职。两年的艺术求学，时间虽短，却为他打开了一个宽广的艺术世界，成为他艺术生涯的一个重大转折点。1948年，吴彭越调往上海中央印制厂，开始从事雕刻凹版及其相关的印刷技术等工作。在上海，他与李炳乾、陈廉惠两人共事两年。1949年，李、陈二人去往台湾，后来成为台湾钞邮券雕刻家。1950年，吴彭越调回北京印钞厂（中国人民印刷厂）。1953年3月8日，吴彭越雕刻的首枚邮票纪21《庆祝三八国际妇女节》（2-2）面世。巧合的是，他的父亲吴锦棠先生同年7月雕刻了纪24《保卫世界和平》（第三组）（3-1）邮票。吴氏父子在中国雕刻凹版界取得的诸多成就，使"吴氏双杰"的美誉广为流传。

吴彭越先生承担了第三套人民币壹圆券、贰圆券、伍圆券、拾圆券人像的重要雕刻任务，女拖拉机手、机床工人、炼钢工人、人民代表这些经典的形象，准确生动地表达了设计师追求的艺术境界，是杰出的艺术再创造。他在雕刻伍圆券炼钢工人的手法上，敢于创新，布线豪放、刀法流畅，传神地表现出新中国产业工人坚韧不拔、吃苦耐劳和中华民族自强自立的精神风貌。吴彭越先生作为一名杰出的雕刻师，以无可争议的精湛技艺和精美作品，成为一流的雕刻大师。

吴彭越不仅承担了第三套人民币的雕刻任务，他还雕刻了第一套人民币的伍仟圆、壹万圆主景，第二套人民币的贰圆券风景以及壹分、贰分、伍分的全部主景。用于贰圆券的延安宝塔山风景，是他最为得意的风景作品，他刻画了祖国大西北的山峦起伏、黄土高坡的雄浑壮美，作品远近、明暗处理恰当得体，至今仍为雕刻凹版中的精品。

与当时的许多艺术家一样，"文化大革命"期间，吴彭越被当作"技术权威"，被迫离开了他深爱的凹雕事业。对这样一位艺术家来说，这是极大的痛苦。1971年年初，邮票又给这位艺术家带来了命运的转机。邮电部计划发行编8-11《纪念巴黎公社100周年》邮票，发行时间紧迫，雕刻制版的时间仅有20天，在这么短的时间完成一块图案如此复杂的邮票原版是不可想象的。于是，吴彭越放下手中的劳动工具，回到了雕刻台前，施展出他精湛的技法，投入了巨大的精力，仅用十几天的时间，就圆满完成了这枚"巴黎公社宣告成立"场景的雕刻原版，送审一次通过。当人们在欣赏这枚邮票时，从精彩的画面中很难想到这位雕刻大家当时所处的逆境。

吴彭越一生雕刻的邮票作品很多。继父亲吴锦棠之后，他雕刻了1955年发行的普9《天安门图案》（第七版）（全套5枚），1954年发行的纪27《约·维·斯大林逝世一周年纪念》（3-3），1954年发行的纪29《中华人民共和国第一届全国人民代表大会》（2-1），以及1953年发行的特6《伟大的祖国——敦煌壁画》（第三组）（4-1）、特7《伟大的祖国——古代发明》（第四组）（4-1），等等。吴彭越先生雕刻邮票除了继承父亲的雕刻风格和精湛技法外，还带入了中国艺术的审美。

除此之外，吴彭越还雕刻了诸多的钞邮券。国家鉴于他在这一领域所做的杰出贡献，授予他"毕昇奖"，这是目前凹雕界唯一获此殊荣的雕刻家。

吴先生早年接受了良好的传统教育，为人谦虚和蔼。他培养的多位学生，成为当代中国凹雕界的翘楚。1987年，吴先生将自己毕生收藏的邮票、钞票的母版印样以及宝贵的雕刻资料，全部捐献给国家。

以吴氏父子为代表的两代雕刻师和众多的印刷技师，在工作中克服万难，探索实践自主雕刻的经验，为我国印制各类钞邮券积累了宝贵经验和艺术财富，彻底结束了旧中国钞邮券长期依靠外国雕刻、印制的屈辱历史。

同一时期，钞邮券雕刻界还出现了另一位杰出人物——鞠文俊。

鞠文俊，1910年生于湖北，15岁时师从武汉印书馆的吴普珍老师，学习雕刻制版。后来，他先后供职于重庆京华印书馆、重庆中央印厂、上海印制厂（今上海印钞厂）。自1951年到北京印钞厂工作，直至退休。中国近代政府印钞机构和商业性印书馆是印钞业的雕刻凹版技师的主要来源，早期，印书馆多采用来自日本的铜版雕刻技法，鞠文俊正是如此。鞠先生也是一位多产的雕刻家，他创作的为大家所熟悉的是他雕刻的第三套人民币壹圆券"天山放牧"、贰圆券"石油矿井"、伍圆券"露天采矿"以及拾圆券"天安门"等风景作品，这些代表作是雕刻凹版的精品之作。

鞠先生除了雕刻技艺超群外，出身于印刷专业的他对凹印工艺也有精深的研究。他可以独立制作非手工雕刻部分，独立完成一块钞券原版制作。在印钞行业，印钞制版分工明确，一般得由团队协作完成，而鞠先生却具备独立完成全套邮票制作的能力，这使他身上更增加了一份神秘色彩。1970年，鞠先生退休后，又被返聘了5年。1991年，鞠先生病逝于北京，享年81岁。鞠先生技艺精湛且技术全面，他为人谦和，教授风格非常开明，很受学生们敬重。台湾著名雕刻家李炳乾就是他的学生。

鞠先生一生也雕刻了许多枚邮票作品，如1952年发行的纪13《和平解放西藏》（4-1）、纪19《中国人民志愿军出国作战二周年纪念》（4-3）、1957年发行的纪41《中国人民解放军建军三十周年》（4-3）、纪43《武汉长江大桥》（2-2）以及纪44《伟大的十

纪41《中国人民解放军建军三十周年》

月社会主义革命四十周年》（5-1），等等。鞠先生精湛的雕刻技艺和经验在邮票的方寸画幅间得到了充分的展现。

　　同样雕刻过多幅邮票作品的钞券雕刻家还有李曼曾。李曼曾1915年生于北京，他青年时期留学日本，就读于国立东京美术学院油画科，师从于安井曾太郎、寺内万治郎等日本知名画家。他与早期远赴日本、美国专门学习雕刻凹版的沈逢吉、华维寿两位前辈不同，他是在国内学习的雕刻凹版技艺。

　　解放战争时期，李曼曾在华北联合大学美术系任教，并参与了第一套人民币的设计印制工作。当时为建立新中国做准备，第一套人民币先于中华人民共和国成立而诞生了。北平和平解放以后，人民政府接管民国时期中央印制厂北平厂，李曼曾从此进入中国人民印刷厂（北京人民印刷厂）制版部门工作，成为了一名雕刻师。

　　新中国成立后，李曼曾沉浸在和平的环境中，潜心钻研雕刻凹版

纪46《马克思诞生一四〇周年纪念》

技艺。中国邮票目录记录了他雕刻的许多邮票，其中包括：1953年发行的纪21《庆祝三八国际妇女节》（2-1）、1954年发行的纪27《约·维·斯大林逝世一周年纪念》（3-2）、1958年发行的纪46《马克思诞生一四〇周年纪念》（3-2），以及纪50《关汉卿戏剧创作七百年》（3-1）等等。李曼曾先生刀法细腻流畅，他雕刻的人物表情生动，画面古韵浓郁。其邮票作品，深受广大集邮者欢迎。

老一辈钞邮券原版雕刻大家还有林文艺，他雕刻了许多早期经典的邮票，其中包括：1950年发行的纪6《中华人民共和国开国一周年纪念》（5-2）、1953年发行的纪23《中国工会第七次全国代表大会》全套2枚、特6《伟大的祖国——敦煌壁画》（第三组）（4-4）、特7《伟大的祖国——古代发明》（第四组）（4-4）、纪46《马克思诞生一四〇周年纪念》中的其中一枚以及纪50《关汉卿戏剧创作七百年》中的其中一枚、1956年发行的特15《首都名胜》（5-3）等等。他雕刻的"三峡风景"和"齐白石像"等作品是后辈雕刻师临摹的典范之作。

国运荣昌振凹刻

我国手工雕刻凹版在1949年新中国成立以前，一直是男性雕刻师的专利，赵亚云老师打破了这一垄断。

1930年，赵亚云出生于北京。从小喜爱绘画的她因出生在旧社会，没有机会上学。按照旧习俗，19岁的她已经成婚。但幸运的是，赵亚云丈夫的哥哥正是老一辈雕刻家林文艺先生。他看到赵亚云具有绘画天赋，便推荐她进入当时的中国人民印刷厂学习雕刻。从此，赵亚云以新中国第一位女性雕刻师的身份进入这个神秘的行业。经过刻苦学习，她成了中国凹雕界尤其是装饰专业的佼佼者。青年时代，吴锦棠、武治章、刘国桐等诸位先生都对这位女弟子赞赏有加。同时，她在吴彭越先生的悉心指导下，逐渐开始承担钞券原版创作任务。

传统中，雕刻家多以人像和风景雕刻成名，赵亚云女士却以装饰专业大放异彩。这与新中国时代的变化有关。中国近代的雕刻凹版艺术源于西方，1949年以前的中国钞邮券的装饰图案多是仿制欧美建筑花头，并没有体现出中国特有的民族艺术风格。自1953年发行第二套人民币开始，中国的钞邮券装饰图案开始尝试融入中国古典装饰艺术，体现民族风格。1960年发行第三套人民币，民族装饰图案精美庄严，如，拾圆券正面上角的团花图案源于传统葵花图案的变形，伍圆券正面装饰图案取自传统的木雕装饰。第三套人民币背面装饰纹样，则采用了农作物的装饰图案，整体票面体现了中国的艺术风格，是钞券雕刻作品中的精彩之作。整体雕刻中国风格的图案是新突破和新尝试，在毫无经验可循的情况下，赵亚云创新型的完美呈现，开创了在钞券中整体雕刻中国风格图案的先河，积累并总结出一套非常宝贵的经验。同时，赵亚云将工作经验总结成系统教材，至今仍应用于凹雕界的传承和学习中。她培养的三届学生中，女性雕刻师不乏佼佼者，如谭怀英、马荣等，她们现在都已成长为非常出色的雕刻家了。

赵亚云除了承担第一至第三套人民币的大部分装饰雕刻外，还雕刻了大量的钞券作品。此外，她雕刻邮票的经历很有意思。因为她一生只雕刻了两套邮票，即1958年她雕刻了特21《中国古塔建筑艺术》中的（4-2）；48年后，已退休的赵亚云又雕刻了2006-6《犬》T邮票。

与赵亚云同时代，还有一位印钞界为人熟知的第一代女性机器雕刻师王雪林老师。20世纪50年代，王雪林师从于著名画家雷圭元先生，专攻图案设计。她刻制了许多中国钞券图案中的花纹、花边、底纹等；第三套人民币除手工雕刻以外的机器花边、花纹的原版，很多都是出自于她。

宋广增（又名宋凡），也是同一时期具有代表性的雕刻家。1924年，宋广增出生于河北肃宁，家境殷实，在国难中，宋广增怀着爱国救亡的思想，于1938年毅然参加了八路军。1949年，北平和平解放，从小喜爱艺术的宋广增进入中国人民印刷厂工作。他诚恳地向吴锦棠、武治章、刘国桐等前辈学习，通过自己的刻苦勤奋，仅用5年时间，他就从一名扛枪打仗的战士过渡为一位合格的钞券雕刻师。

宋广增先生的凹雕处女作是一枚邮票，1954年发行的特8《经济建设》中的其中一枚是他雕刻的，他雕刻得很成功，这使他受到了极大的鼓舞。1956年，他又雕刻了特15《首都名胜》中的（5-1）《颐和园》，这枚邮票是宋广增比较满意的作品。图中，颐和园中的昆明湖在远处万寿山和石舫的映衬下波光粼粼，景色特别美。如此的美景在方寸之间表现起来颇具难度，但宋广增很好地把握了画面的气氛，用雕刻语言描绘出皇家园林的美丽景致。1957年，他又雕刻了特19

特21《中国古塔建筑艺术》

特26《十三陵水库》

《治理黄河》中的（4-3）和（4-4），1958年雕刻了特21《中国古塔建筑艺术》（4-3），特26《十三陵水库》（2-2），1959年雕刻了特30《剪纸》（4-3）等等。

1959年，正值而立之年的宋广增进入中央美术学院专业学习了5年，完成了他人生中在美术高等学府学习深造的愿望。毕业后，宋广增的事业突飞猛进，完成了许多援外钞券、人民币部分装饰图案以及其他有价证券和邮票的雕刻。在第四套人民币的领袖浮雕像的雕刻中，宋先生成功展现出多年积累的丰富经验和艺术造诣。离休后，宋先生接受单位返聘，将多年的实践经验编成教材、传授学生，始终为艺术奉献着。

在钞邮券雕刻的大家中，高振宇可以说是硕果累累。1949年1月，北平和平解放，高中毕业的高振宇凭借一幅毛主席素描肖像，被选入北京印钞厂雕刻室。高振宇很幸运地受到吴锦棠先生的启蒙指导。1950年，吴彭越先生由上海调至北京人民印刷厂工作，高振宇的雕刻又受到吴彭越的传授和教导。因此他功底扎实，再加上他又有创新意识，天赋加之勤奋，所以很快他就展现出过人的艺术才能。1954年到1959年这六年中，高振宇共雕刻了18块邮票原版。其中，他雕刻的第一枚邮票是特8《经济建设》中的《阜新露天煤矿》邮票；1956

年，他雕刻了特15《首都名胜》中的《天坛》邮票，其雕刻之精美令人赞叹；1958年他雕刻的纪50《关汉卿戏剧创作七百年》第三枚《望江亭》邮票，在"建国三十年邮票评选"中被评为最佳邮票。1959年，北京邮票厂成立，从此，北京印钞厂的邮票雕刻任务宣告结束。

在钞券中，高振宇的成果更为丰盛。他雕刻的风景、人像应用在许多国内外的钞券中；他雕刻的表现中国风景名胜的多幅经典作品，仅雕刻原版就有53块。高先生同样在退休后接受原单位返聘，继续指导、培养年轻的雕刻师。在高先生的影响下，他的女儿高铁英继承父业，创作了丰富而精美的雕刻版藏书票，是一名深受收藏爱好者喜爱的女雕刻家。

上海作为早期的通商口岸之一，文化底蕴深厚，江浙吴越文化与西方工业文化相融合，形成了上海特有的海派文化。 1842年以后，

20世纪70年代的中国钞票设计师、雕刻师

上海成为对外开放的商埠，并迅速发展成为远东第一大都市。上海印钞厂前身系国民政府中央印制厂，中国著名的凹雕师如鞠文俊、吴彭越等先生，都曾有在上海印钞厂工作的经历。1949年新中国成立，定都北京，上海印钞厂的原版制作任务发生了变化，今日中国屈指可数的凹雕师分置南北两地，分别供职于北京印钞厂和上海印钞厂。

徐永才是上海印钞厂的著名雕刻家。1944年，徐永才生于上海。1962年，他毕业于上海美术专科学校，师从雕刻凹版名家翟英先生。徐永才勤勉好学、功底扎实。翟英先生过世以后，他拜北京吴彭越先生为师，常常通过信函向吴先生请教，他们往来密切。徐永才对雕刻凹版艺术非常执着。

1978年，改革开放启动，中国进入经济发展的新阶段，国民经济形势日益好转，经济总量持续加大。第三套人民币由于面额较小，已难以适应新的流通需求，设计发行第四套人民币的计划应运而生。徐先生1984年雕刻的第四套人民币壹圆券中少数民族人物头像，作为经典作品代表被编入《国际钱币制造者》一书。1993年，他雕刻的壹仟圆港币和伍佰圆澳门币受到评审专家一致好评，中标发行。

徐永才是一位具备综合雕刻能力的钞券雕刻名家，他对文字、装饰、风景、人像的雕刻都很擅长，其雕刻作品也很多。比如，他先后雕刻了集邮者所熟知的1996-26《上海浦东》T（6-4），2003-25《毛泽东同志诞生一百一十周年》J（4-1），2004-8《丹霞山》T（4-4），2006-11《中国现代科学家》（四）J（4-1）等等。除此之外，徐先生在雕刻技法和工艺研究上也有创新突破，并屡获殊荣。

同一时期，上海还有另外一位代表性雕刻家，就是赵启明先生。他1943年出生于江苏海门。1962年，赵启明于上海市美术专科学校

① 1996-26《上海浦东》T
② 1996-26M《上海浦东》小型张

毕业后，师从于上海印钞厂设计雕刻组组长翟英先生，学习雕刻技艺。赵先生雕刻了中国银行发行的1995.10.16澳门币壹拾圆中的"东望洋灯塔"、阿尔巴尼亚1992年版200列克纸币人像、第五套人民币拾圆币"长江三峡"风景图等许多钞邮券作品。其中，第五套人民币拾圆币在2002年美国夏威夷国际货币会议上被评为"国际上最精美的钞票"。赵先生于上海印钞厂工作长达四十余年，退休后，他投身于整理、撰写雕刻方面的相关文章的工作中。

在赵启明的带领下，他的儿子赵檔走上钱币设计之路，成为知名的中国钱币设计师。时代赋予了两代人不同的人生机遇，与父亲相比，赵檔获得了更多施展才华的机会。到如今，他从事钱币设计也已长达二十多年。这位年轻的高级工艺美术师，在业界享有很高的知名度。2013年，赵启明在儿子赵檔的陪同下，前往美国，寻访美国纸钞雕刻家海趣故里，祭奠海趣先生。父子二人成为国内海趣研究首屈一指的研究者。

中国印钞造币总公司技术中心的孔维云和马荣两位老师，是当代雕刻凹版的领军人物，更是艺术伉俪，他们两人在钞票和邮票雕刻作品方面成果颇丰，国内外获奖众多。

1978年，有美术专长的孔维云，以优异的成绩考入北京印钞厂（现北京印钞有限公司），师从崔立朝和陈明光老师（人民币设计专家）。1981年，孔维云开始从事人民币手工雕刻凹版工作，有幸向吴彭越先生学习技艺。1985年，他考入中央美术学院。1997年，他接受人民币设计专家刘延年的指导，进行人民币素描创作，同时受到邓澍、王文斌教授的悉心指导。三十多年来，他一直坚守在印钞行业的核心技术部门，肩负着人民币原版技术研究、雕刻艺术创作、传承雕刻技艺的重任。他的作品在人民币、港币、澳门币和邮票上频繁可见。入行之初，孔维云亲历了手工雕刻专业严谨的科班学习；进入新世纪，他又经历了数字化雕刻新工艺。他以一位钞票雕刻艺术家的气度，泰然适应时代变革；他在内心深处，始终坚守着崇高的专业目标。

1978年，不满16岁的马荣考入北京印钞厂技校美术班，师从崔立朝、陈明光和王大有三位先生，这为她打下了坚实的美术绘画基础。1981年，她开始手工钢版雕刻凹版的学习和工作。1985年，她考入中央美术学院壁画系，进行绘画专业学习。毕业以后，她回厂继续从事手工雕刻凹版工作，师从我国第一位钞票女雕刻家赵亚云女士。她的钞邮券作品很多，是第五套人民币毛泽东像的原版雕刻者，这幅毛泽东像作品也是马荣最为得意的作品。近年，国际钞票设计师协会在意大利的乌尔比诺成立了"国际雕刻师学院"，马荣是首位在"国际雕刻师学院"举办个人讲座、展览以及授课的中国雕刻家，受到了来自世界各国三十多位雕刻师和专家的高度评价。

目前，中国印钞造币总公司技术中心还有6位钞票原版雕刻师，他们在孔维云和马荣的带领下，自2003年印钞与邮政再度合作至今，已雕刻了30套邮票。代表作品包括：2003-25《毛泽东同志诞生一百一十周年》J、2004-8《丹霞山》T、2006-11《中国现代科学家》（四）J、2012-16《国家博物馆》T、2013-3《毛泽东"向雷锋同志学习"题词发表50周年》J、2013-27《习仲勋同志诞生一百周年》J、2017-13《儿童游戏》（一）T等。

2013-27《习仲勋同志诞生一百周年》J

技法相承两岸连

雕刻凹版作为19世纪末到整个20世纪中叶最主要的印刷方式，雕刻师的传承从未间断，香港早期和台湾都有雕刻版印制和传承的历史和脉络。

1840年至1842年中英第一次鸦片战争爆发，清王朝日趋衰落，屈辱地签订了中国历史上第一个不平等条约《南京条约》，英国强占香港岛，中国开始沦为半殖民地半封建社会。1911年10月辛亥革命大爆发，清王朝灭亡，1912年中华民国建立，政局动荡，战火不断，香港此时已经成为重要的通商口岸。1914年，商务印书馆香港分馆设立，同一时期还有大东书局、中华书局等几家出版印刷企业均在香港设有分厂和机构，当然雕刻凹版的雕刻师是必备的条件。1937年，中华邮政自行督办的邮票印制由北平迁至香港。1941年，太平洋战争爆发，邮票印制随即迁往陪都重庆、福建南平等地。我国第一代雕刻师中不乏有在香港与内地之间辗转工作的经历。我国早期的珍邮中就有香港版雕刻、印制的版别。

1949年新中国成立前夕，有几位早期雕刻家被国民党由大陆带往台湾，成为台湾雕刻凹版的代表人物，台湾雕刻凹版得以发展和传承。如早期雕刻家鲍良玉，1923年生于浙江宁波，1936年进入上海大东书局印制厂，师从胡卿，学习雕刻凹版。1949年去往台湾，至1975年的26年间，鲍先生雕刻的钞邮券多达三百多种，被业界尊称为雕刻大家。

另一位是李炳乾。李先生1924年生于湖南。1942年他师从于鞠文俊。1949年上海解放前夕，他被当时的国民党当局派往台湾。在李先生30年的雕刻生涯中，他一共雕刻了22种邮票，同时还雕刻钞券、印花税票、公债和奖券等有价证券。1972年，李先生转往行政部门工作。

还有陈廉惠，1922年生于浙江宁波。1949年上海解放前夕，他去了台湾。陈廉惠师从于华维寿先生。陈廉惠赴台后共雕刻了28种邮票，还雕刻了印花、公债、奖券和钞票等有价证券。51岁时，陈先生转为行政管理工作。

当代为人们熟知的雕刻名家孙文雄，其父亲自1930年从江西赴台经商。孙文雄1942年生于台湾台北县。1957年，孙先生考入中央印制厂，学习雕刻凹版，师从于李炳乾和陈廉惠。自1986年至今，孙先生雕刻了诸多钞邮券作品。孙先生在雕刻凹版材质和技法的探索上颇有心得和成就，他雕刻的艺术作品很受收藏者喜爱。

在台湾，称数量单位为"种"，不称"枚"，因为台湾邮票印制与大陆不尽相同。在台湾，同一图案制成不同的面值和颜色，所以无法以枚数计算，读者可以理解为雕刻师雕刻了28块原版用于正式发行的邮票。台湾雕刻版邮票一直以来由印钞厂雕刻、印制。台湾目前有6位原版雕刻师。

钞邮雕刻本同源

世界各国的钞票与邮票的雕刻凹版，历来是同根同源，我国也是如此。从1908年清末度支部印刷局成立之初，到1959年新中国邮电部北京邮票厂成立之前，51年间，大多数邮票的雕刻都是由钞票雕刻师来完成。1951年，邮电部邮政总局邮票处开始组建专职邮票雕刻师队伍。1959年，北京邮票厂成立之后，就由邮政专职邮票雕刻师来完成邮票雕刻工作。直至20世纪90年代末，河南省邮电印刷厂引入一套与印钞类似的雕刻印刷设备，由于设备的特殊性，经过多年的协商，经中国人民银行批复，凡由这台设备印制的雕刻版邮票，均由中国人民银行下属的印钞造币总公司完成制版。2003年，时隔44年，再度开启了邮票与印钞的雕刻版印制的紧密合作。

钞票雕刻有行业的特殊要求，雕刻师按钞券版面不同内容分工雕刻，大体分为人物、风景、装饰花边、文字等。其中雕刻凹版的雕刻基本技法相同，在实践的应用中术有专攻，各有所长，这也是防伪手段的一种。相对钞票的大版面不同，邮票精巧的版面雕刻是不分工的，需要雕刻师一个人独立完成整幅版面的所有内容。在题材表现上，邮票要根据不同的题材变换不同的表现形式，"以刀当笔"，并且需要结合印刷，因为邮票有很多结合的印制工艺。雕刻家雕刻邮票时，可以尽情发挥自身的雕刻技法，艺术创作的空间更自由，更能体现出个人的艺术风格。雕刻凹版独特的艺术风格，既可以独立表现，也可以与其他印刷方式相结合，因此深受收藏者喜爱，这也是雕刻凹版发展至今的主要原因。

大国工匠兴骄传

邮票标注着国家历史的进程，伴随着世界文明的大发展。1840年第一枚"黑便士"邮票采用的就是雕刻凹版印制。世界早期的邮票大多数为雕刻版邮票。到现代，由于雕刻版工艺繁复，雕刻凹版印刷设备非常昂贵，培养雕刻师需要长时间的投入。一个国家雕刻凹版印制的水平，能反映出这个国家钞邮券印制的能力和综合国力水平。考虑到成本，很多国家是委托外国印制雕刻版邮票。我国正是有能力承印的国家之一。

邮票雕刻的特点在于，邮票选题内容非常丰富，但版面却在方寸之间涉及方方面面和不同的画种，这就要求雕刻师在掌握娴熟技法的同时，要具有深厚的绘画功底。邮票雕刻语言既要求准确、凝练，又要充分表达版面内容，同时还要考虑与后期印刷工艺的结合，过密或过宽深的点和线会让版面产生并线和脏点，俗称"花"和"糊"的后果。对于邮票不同的艺术表现形式和版面内容，雕刻的语言和手法也不尽相同，有时以雕刻为主，有时以雕刻为辅，最终追求的是邮票整体的艺术性。

1949年新中国邮电部成立之初，邮政只有唐霖坤、孔绍惠两位雕刻家，后经孔绍惠推荐，他的学生孙经涌奉调入京。此时，共三位雕刻师从事专职的邮票雕刻工作。当时还没有邮票印制单位，邮票的印制由印钞厂来完成，雕刻任务也由两方雕刻师共同合作完成。随着社会通信需求的日益扩大，集邮活动的日渐繁荣，1959年，北京邮票厂成立，隶属银行系统的印钞厂不再承担邮票印制任务，北京印钞厂的雕刻师孙鸿年、高品璋等早期雕刻家奉调进入北京邮票厂，扩充了邮票雕刻队伍，这是新中国成立后的第一代雕刻师队伍，同时开启了他们雕刻邮票并为中国邮政培养雕刻人才的开端。

早期铜凹版（练习版）

作为新中国成立前早期的雕刻家，唐霖坤1901年生于江苏常州，是一代宗师沈逢吉的高徒。唐先生先后任上海大东书局、贵州造币厂、人民印刷厂钞票雕刻师，1952年调入邮电部邮政总局邮票处，从事专业邮票雕刻工作。唐霖坤是非常高产的钞邮券原版雕刻家，他的早期邮票雕刻精品很多。他早期主要采用铜版雕刻，后转为钢版雕

纪33《中国古代科学家》（第一组）

特15《首都名胜》

纪71《中华人民共和国成立十周年》（第五组）

航1《中国人民邮政航空邮票》（第一组）

刻，其作品雕刻线条细腻，以钞票雕刻的方法为基础，根据邮票的尺幅、题材等特点，将雕刻运用到邮票版面中，雕刻中采用刀刻与针刻腐蚀结合的方法。唐先生的作品带有东方美学特点，他对题材的把握也非常准确，其作品在国内外屡获殊荣。

唐霖坤邮票雕刻的代表作品有纪33《中国古代科学家》（第一组）无齿小型张、纪71《中华人民共和国成立十周年（第五组）》、纪34《弗·伊·列宁诞生八十五周年纪念》、纪50《关汉卿戏剧创作七百年》（3-2）、特27《林业建设》（4-1）、特63《殷代铜器》等邮票。唐霖坤是"建国三十年最佳邮票"的获奖者之一。

唐先生的代表作《中华人民共和国成立十周年》（第五组）邮票，俗称"开国大典"邮票，非常准确地用雕刻语言表现了董希文先生所绘制的油画效果，层次分明，画面细腻，无论是主体领袖人物还是前景的地毯花纹，以及背景的天空云彩等，细节之处把握巧妙、准确，充分用单色雕刻展现出色彩丰富的油画质感，在方寸之间充分展现出庄严而隆重的气氛，体现了老一辈雕刻家的超高水准，是深受收藏者喜爱的邮票精品。

同时期的孔绍惠是上海人，1914年出生，他也是沈逢吉的高徒，民国时期曾在上海中华书局、香港大东书局担任雕刻师。1951年，孙绍惠调入邮电部邮政总局邮票处，从事专业邮票雕刻工作。孔先生早期也是采用铜版雕刻，后转为钢版雕刻。他的雕刻手法中具有金属铜版画、书籍插图、钞券和邮票的雕刻风格，雕刻中采用刀刻与针刻腐蚀相结合的方法。他创作了大量的早期邮票雕刻珍品，同样屡获殊荣。孔先生的雕刻风格细腻严谨，端庄古典，绘画感强。他也是"建国三十年最佳邮票"的获奖者之一。

纪74《遵义会议二十五周年》

特45《中国人民革命军事博物馆》

特24《气象》

纪77《弗·伊·列宁诞生九十周年》

纪85《巴黎公社九十周年》

特22《中国古生物》

纪47M《人民英雄纪念碑》
（小全张）

孔先生的邮票雕刻代表作品有：纪26《弗·伊·列宁逝世三十周年纪念》（3-1）、纪35《恩格斯诞生一三五周年纪念》、纪36《中国工农红军胜利完成二万五千里长征二十周年》、纪47M《人民英雄纪念碑》等。其中《恩格斯诞生一三五周年纪念》邮票，整体版面绘画性强，线条准确丰富而精练，形象表现出了人物的气质。其人物头发及茂盛的胡须处理得十分精彩，皮肤、毛发、衣服的质感表现完美，是一幅非常有代表性的邮票人物肖像作品。纪65《中捷邮电技术合作》邮票，是由北京邮票厂单色雕刻版印制，是中国邮政部门与国外邮政部门第一次发行的同图邮票，为纪念捷克斯洛伐克在技术上支持北京邮票厂的建设。

孙鸿年，1916年出生，江苏吴县人。1933年，他进入财政部印刷局学习钞票雕刻，师从于郑国昌（郑国昌的老师是清末与海趣一同到中国的格兰特）。孙鸿年1949年在541印钞厂从事钞票原版雕刻工作，1958年调入邮电部邮票发行局，从事专业邮票原版雕刻工作。孙先生早年从事钞邮券原版雕刻，以钢版雕刻为主，擅长文字雕刻，他雕刻的文字尤为工整细致，版面把握准确。孙先生雕刻以刀刻见长，其刀功精湛、准确、严谨。1980年，孙先生参与雕刻的《黄山风景》《林业建设》被评为"建国三十年最佳邮票"，《古代科学家》荣获最佳邮票奖。

孙鸿年的邮票雕刻代表作品有纪84《诺尔曼·白求恩》、特36《民族文化宫》、T.122M《曾侯乙编钟》、编49-52《红旗渠》中

① 文4《祝毛主席万寿无疆》
② 纪84《诺尔曼·白求恩》

的其中两枚，J.70《传邮万里，国脉所系》、T.82M《西厢记》（小型张）等大量邮票。其中《诺尔曼·白求恩》《传邮万里，国脉所系》充分表现出画面的气氛、光感以及人物的动态。《传邮万里，国脉所系》准确表现了周恩来总理书法笔墨的效果。

高品璋，1919年生于河北滦县，1934年进入财政部印刷局学习钞票雕刻，师从于郑国昌先生，之后在艺术传习所学习雕刻凹版。他与孙鸿年是541印钞厂的同事。1958年，高先生与孙鸿年一起调入邮电部邮票发行局，从事专业邮票原版雕刻工作。高先生早年也从事钞邮券原版雕刻，以钢版雕刻为主。他采用刀刻与针刻腐蚀相结合的方法，其刀法纯熟干脆，

第一代邮票雕刻家高品璋
在制版过程中使用缩小机

①

②

③

① 纪69《中华人民共和国成立十周年》

② 特17《储蓄》

③ J.49《约·维·斯大林诞生一百周年》

针刻腐蚀细腻准确。他雕刻的人物、装饰、风景等都栩栩如生，具有十足的绘画感。他对题材把握尤为到位，是多产的雕刻家。同样在1980年，高先生参与雕刻的《黄山风景》《林业建设》被评为"建国三十年最佳邮票"，《古代科学家》荣获最佳邮票奖。

高品璋的邮票雕刻代表作品有：特63《殷代铜器》（8-1）、（8-2）、纪69《中华人民共和国成立十周年》（第三组）、J.57《弗·伊·列宁诞辰一百一十周年》、J.90《马克思逝世一百周年》（2-1）、T.100《峨眉风光》（6-1）等等，共53枚邮票。其中，《中华人民共和国成立十周年》（第三组）一套8枚邮票，高先生使用8种不同的雕刻油墨印制表现出8个不同的主题，8幅画面在雕刻线条的表现中体量一致，风格统一，内容丰富，准确干练。《殷代铜器》更是中国雕刻版邮票的精品之作，其青铜器质感极强，在邮票的版面中表现得极为生动。

新中国第一代邮票雕刻师队伍，以上述四位早期雕刻家为主。前辈先生们形成的成熟的雕刻时期，正好处在以雕刻凹版印刷为主的20世纪初期到中期，他们创作了大量的邮票精品。由于工作量大，早期的邮票一套多枚的现象居多，所以当时是按工作量和工作时间排序来

早期钢凹版（练习版）

纪50《关汉卿戏剧创作七百年》

安排工作任务，一套邮票合作的现象十分普遍。这四位先生均有深厚的雕刻功力，合作雕刻时能做到风格统一，因此创作出很多雕刻版邮票珍品。20世纪50年代到60年代，是新中国雕刻版邮票的高峰，这四位先生耕耘于漫漫的雕刻时光中，将艺术融入人生。

例如，纪33《中国古代科学家》（第一组）是由唐霖坤、周永麟共同雕刻的，这是一组成功的人物肖像雕刻版作品，巧妙生动地用雕刻版语言表现出了中国画的特点。此外，由李曼曾、唐霖坤、高振宇合作雕刻的纪50《关汉卿戏剧创作七百年》邮票，是这一时期雕刻版邮票的佼佼者，受到国内外收藏者的广泛赞誉，其原版再现了明代木刻版插图的效果，版面古典雅致，人物神形兼备，点线光洁流畅，墨色浑厚、层次饱满。1958年《英国集邮者年鉴》将这套邮票中的《望江亭》评为当年世界十大佳邮。这套邮票在设计、雕刻、印制上体现出了中国文化的特点，是中国雕刻版邮票在国际舞台上声名鹊起的开端。

非常值得一提的是，由唐霖坤、孔绍惠、高品璋、孙鸿年合作雕

特27《林业建设》

① 文7《毛主席诗词》
② 特25《苏联人造地球卫星》
③ 特35《人民公社》（其中两枚）

刻的特27《林业建设》这套邮票（由美术家黄永玉绘制），1958年12月15日一经发行，美术家钟玲就撰文说自己是以"又惊又喜的心情"见到了这套邮票，"四幅木刻，各有特点，而整组又是和谐统一的，都极富装饰趣味"。1959年，英国《集邮者年鉴》将这套邮票中的《森林资源》评为当年世界十大佳邮，主评人称可以"算是一幅杰作"，"它的构思和技法虽然完全是西式的，可是里面蕴含着令人喜悦的中国风景，是民族风格的风景"，并称"将以最大的兴趣注视中国1969年的新邮票"。1979年《林业建设》邮票获得"邮电部特授予荣誉奖"。黄先生在设计这套邮票之初就考虑到，"这是一次木刻版画与雕刻版邮票契合的创新，这虽是一次新的尝试（亦未见外国邮票用过），但估计这样表现森林效果会好，同时对丰富我国邮票的表现方法更有意义。"这套邮票是采用金属雕刻凹版技法表现木版雕刻画的，邮票精彩地将两种版画的技法完美结合了起来。另外，还有由高振宇、高品璋、宋广增、贾炳昆合作雕刻、美术家张仃设计的《剪纸》邮票，其票幅小于普通邮票，胶雕套印，发行后好评如潮。这套具有中国民间艺术风格的邮票在香港展览时，因其浓郁的传统民间色彩，颇受欢迎，被誉为"十分完美的具有民族风格的作品"。

1959年北京邮票厂建成后，在老一辈发行、设计、雕刻、印制专家们的共同努力下，邮票精品不断，北京邮票厂代表了当时先进的印刷水平。特57《黄山风景》邮票是影雕套印的代表作品，也是雕刻版邮票的经典之作。早在1957年，邮票发行部就派设计师前往黄山写生，经过5年多的反复选稿，于1963年由新中国第一位邮票设计家孙传哲设计，孔绍惠、唐霖坤、高品璋、孙鸿年共同雕刻，由北京邮票厂印制。《黄山风景》邮票全套16枚，影写版色调柔和，色彩丰富，表现出了苍茫云海和层峦叠嶂的远山，雕刻版带有中国木版画风格的表现线条，刚劲有力且富有节奏感，突出描绘了黄山的奇松怪石，充分表现出明朝旅行家徐霞客登临黄山时"薄海内外之名山，无如徽之黄山。登黄山，天下无山，观止矣"的赞叹。《黄山风景》邮票的发行也使得黄山之美名满天下，入选"国家名片"也为黄山成为"世界自然与文化双重遗产"起到了广泛的推动作用。

特63《殷代铜器》邮票，是由新中国早期设计家邵柏林设计，孔绍惠、唐霖坤、高品璋、孙鸿年这四位前辈合作雕刻的，作品充分展现了中国古代青铜艺术的辉煌成就，表现了青铜器令人叹为观止的铸造工艺，其肃穆庄重、雄浑大气的艺术特点以及繁复美丽的花纹和青铜质感，被雕刻凹版充分地表现了出来。特63《殷代铜器》是北京邮票厂影雕套印的代表作之一，体现出20世纪60年代北京邮票厂在雕刻版印制工艺的高水平。

特63《殷代铜器》

特57《黄山风景》（1）

特57《黄山风景》（2）

　　新中国第一代邮票雕刻师，均出自钞票雕刻，来自南方的唐霖坤、孔绍惠和孙经涌，早期都使用铜版雕刻，他们承袭沈逢吉先生的技法，在调入北京邮电部之前，专门学习了钢版雕刻，从事专业邮票雕刻工作后转为钢版雕刻。孙鸿年先生和高品璋先生承袭了北京印钞厂由海趣引入的钢版雕刻凹版技艺。新中国雕刻版邮票绝大多数采用钢版雕刻。中国历史上的两种雕刻凹版流派，集合于邮票雕刻版中。前辈艺术家们兢兢业业、默默无闻，对雕刻专业热爱而敬重，专注而精深，为新中国的邮票艺术做出了巨大贡献。

　　老一辈雕刻家除了自身的工作以外，还肩负着培养"接班人"的任务。

　　孔绍惠早年在上海印钞厂时收授了一位弟子，即孙经涌。孙经涌1932年出生于浙江奉化，17岁时进入上海印钞厂师从于孔绍惠先生。1958年，经孔先生推荐，他调入邮电部邮票发行局，从事专业邮票雕刻工作，工作了两年后转入相关管理工作，直至退休。他的代表

纪60《1958年农业大丰收》

作品有：纪55《全国工业交通展览会》、特28《我国第一个原子反应堆和回旋加速器》（2-1）、特29《航空体育运动》（4-1）、特39《苏联月球火箭及行星际站》（2-2）。

随着唐霖坤、孔绍惠两位先生的退休，雕刻室需要重新接收新人。孙鸿年、高品璋两位先生负责教授五位学生，分别是：赵顺义、李庆发、姜伟杰、阎炳武和呼振源。这五位风华正茂的青年雕刻师，既有指定的先生负责，又能同时跟随两位老师学习，所以成长迅速。中国邮票第二代邮票雕刻家团队逐步组建完成。

20世纪80年代末，随着印刷技术的发展，色彩丰富的胶印与影写版印刷得到了广泛应用。随着人们对邮票的大量需求，集邮市场出现井喷现象，雕刻版邮票的成本造价高、工艺流程周期长，满足不了市场的需要，雕刻版邮票逐渐减量。此时，邮票设计室改革，邮票图稿竞争机制建立，雕刻版邮票同样引入了内部竞争机制。也正是竞争机制的建立，使得雕刻师的艺术才华得到了更充分的发挥，第二代邮票雕刻师开启了新中国邮票雕刻师设计邮票、雕刻邮票的综合发展道路。这一代雕刻师除创作了大量雕刻作品外，还有很多优秀的邮票设计作品。

其中，开启第一套邮票雕刻师参与设计竞争、中选并雕刻的作品是T.36《铁路建设》。还有J.58《中国古代科学家》（第三组）荣获1981年"最佳邮票雕刻奖"；《任弼时同志诞生八十周年》荣获1984年"最佳邮票雕刻奖"；《朱德同志诞生一百周年》荣获1986年"最佳邮票奖"；《邓小平同志诞生一百周年》荣获2004年"最佳邮票奖"；1990年《诺尔曼·白求恩诞生一百周年》（中国与加拿大联合发行）雕刻原版在中外竞争中被加拿大政府选用；普21《祖国风光》获得1991年"最佳普通邮票设计奖"等等。此外，中

T.36《铁路建设》

J.58《中国古代科学家》（第三组）

普21《祖国风光》

1994-15《鹤》

国第一套、第二套生肖邮票都是雕刻版邮票，第一套生肖邮票更是受到了邮迷们的热捧。

第二代邮票雕刻凹版家还以"群峰"的名字为合作的雕刻作品署名。

另外，这几位老师在工作中又培养了第三代的两位女邮票原版雕刻师，一位是郝欧，另一位是董琪。她们设计的作品也是题材、风格多样。其中，董琪雕刻的代表作品有：《中国古代文学家》（四）《汤显祖》、2008年北京印花税票《北京坛庙》、2008年北京奥运会《奥运会从北京到伦敦》雕刻版极限片、中国第一套雕刻版邮资片《碛口古镇》、《孔府、孔庙、孔林》雕刻版极限片、等。

第三代邮票原版雕刻师虽然是两名女性，但她们的作品风格却十分干练，绘画性强。她们都毕业于美术学院，经过了长期专业的绘画学习及多年的传统手工雕刻版师承学习，另外还由马丁·莫克系统传授了欧洲的手工雕刻版技艺。不仅如此，她们还熟悉现代雕刻版数字绘画，年富力强，是承上启下的新一代雕刻师。

2015-6《中国古代文学家》
（四）《汤显祖》

2008年北京印花税票《北京坛庙》

从20世纪90年代开始，由于所用雕刻设备老化，雕刻版邮票远远满足不了市场的需求，在10年间雕刻版邮票发行量非常少。自2003年邮政与印钞雕刻师团队开启44年后的再次合作后，情况得到好转，但在这二十多年的时间里，雕刻版邮票所占邮票发行总量的比重仍然很少。

西艺东来越百年

马丁·莫克（Martin Mörck），1955年出生于瑞典的一个艺术家庭，他深受家庭熏陶，16岁开始学习雕刻凹版，师从于瑞典雕刻名家安得·马龙。马丁·莫克曾任丹麦邮政首席雕刻师，为多个国家雕刻邮票及钞券。2012年，马丁·莫克怀着兴奋喜悦的心情受邀中国邮政集团公司邮票印制局来到中国，进行为期一年的雕刻版课程的集中授课，为中国培训10名年轻的雕刻师。马丁·莫克是一位非常多产的著名钞邮券原版雕刻家，他雕刻的邮票有七百多枚。同时，雕刻作为欧洲的传统艺术，马丁·莫克还设计、雕刻过许多著名品牌的标识、酒标，他还为世界知名刊物绘制封面、插图。他的肖像作品享有很高的知名度。同时，马丁·莫克还是一位油画、水彩画家和航海探险家。

马丁·莫克

2011-30《古代天文仪器》T

2013-17《猫》T

　　马丁·莫克的雕刻风格十分鲜明，其点线富有韵律性的美感，注重表现题材的内容，注重与印刷的结合效果。他目前为中国雕刻的邮票作品有：2010-19《外国音乐家》（一）J、2011-30《古代天文仪器》T、2013-17《猫》T以及2017-22《外国音乐家》（二）J等。

　　马丁·莫克是继海趣之后第二位由官方聘请来到中国授课的西方雕刻凹版艺术家。

纪元开启写新篇

　　面对全球雕刻凹版后继乏人的不利状况，2012年，中国邮政与丹麦邮政联合举办"雕刻师培训课程"，通过考试择优精选了8名学员，他们是徐喆、原艺珊、杨志英、尹晓飞、于雪、刘博、刘明惠以及李昊，再加上郝欧和董琪，共10位雕刻师，进行了18个月的集中训练。现在这10位雕刻师都具有独立完成工作的能力，并且他们创作的作品不断，已逐渐成为中国邮票雕刻凹版的中坚力量。马丁·莫克看到学生们的成绩后很自豪，他认为能受邀为中国培养雕刻凹版师是莫

雕刻班上课　　　　　　雕刻班上课　　　　　　手工雕刻

雕刻班毕业照

大的荣耀，这既是为中国培养雕刻凹版师，也是为世界培养年轻的雕刻师，他为此做了充分的准备工作。马丁在接受 *China daily* 采访时曾说："未来，世界顶尖的邮票雕刻师就在中国。"

从2014年开始，年轻的雕刻师团队开始发力，逐渐推出作品，受到了广大收藏者的欢迎和鼓励。比如2014-2《猛禽》（二）T、2014-9《鸿雁传书》T、2014-12《纪念黄埔军校建校九十周年》J、2014-17《邓小平同志诞生一百一十周年》J、2015-6《中国古代文学家》（四）J、2015-14《清源山》T、2017-1《丁酉年》T以及2017-11《中国恐龙》T等。

欧洲是雕刻凹版的发源地，各国风格有所不同，美国和日本的雕刻凹版风格都曾受到意大利的影响，中国的雕刻凹版风格在融合发展中受到了中国绘画的影响，有自己的独特性。

邮票印制局近年来非常重视雕刻师团队的建设，不断增强雕刻凹版印制的设备。中国邮政集团发行部近些年应广大集邮收藏者的需求，坚持力争出精品的原则，加大了雕刻版邮票的发行。中国邮政为世界雕刻凹版技艺的传承与发展做出了巨大的贡献。我们相信，随着时间的推移和年轻雕刻师团队的不断成长，中国雕刻版邮票和雕刻凹版艺术将再创辉煌。

2014-9《鸿雁传书》T

2017-11《中国恐龙》T

记录港澳话台湾

香 港

香港，简称"港"，全称为"中华人民共和国香港特别行政区"。香港自古以来就是中国的领土。中国历史上第一个不平等条约《南京条约》的签署，使英国割占香港150多年。1997年7月1日，中华人民共和国正式恢复对香港行使主权，香港特别行政区成立。

英国虽然是开办现代邮政最早的国家，但英国并没有很快在香港推行使用邮票，故早期香港的邮件上只加盖"已付"之类的邮戳，而不贴邮票。香港的第一所邮政局于1841年11月成立。1862年12月8日，香港首套邮票诞生。这是一套7枚的雕刻版普通邮票，图案为维多利亚女皇侧面头像。1864年起，港英政府规定寄信时必须使用邮票。此后，随着英国王位的继承更迭，普通邮票上的英皇头像也随之变化，先后有爱德华七世、乔治五世、乔治六世和伊丽莎白二世的头像出现在邮票上，其中伊丽莎白二世女皇普通邮票一直使用到1997年6月30日为止。

1877年，香港加入万国邮政联盟。1879年起，由香港寄往任何万国邮政联盟会员国的邮件一律收取10仙（先令）邮费，较以前便宜6仙。

香港首套纪念邮票于1891年1月22日为纪念开埠50年而发行，全套一枚，是在1882年发行的普通邮票上加盖英文"HONG KONG JUBILEE"。第二套纪念邮票直到1935年5月6日才发行，中间相隔近45年。此后，在1937年、1941年又各发行了一套纪念邮票。

1942年12月25日至1945年8月15日（共3年8个月时间），香港被日本占领，日本邮票在香港通用。日本投降后，香港邮票恢复发行。但此后相当长一段时间内，纪念邮票的发行仍很有限，只在1946年、1948年、1949年、1953年各发行一套，此后近8年时间内没有发行纪念邮票。60年代初中期，每年也只发行一两套纪念邮票，且色彩比较单调。从1967年1月17日起，开始发行农历贺年邮票（即生肖邮票），这也是香港第一套特种邮票。它的出现，使此后香港邮票的发行套数有所增加，色彩和设计也更加丰富多样。

截至1997年6月底，香港共发行邮票（包括小型张、小全张）199套。

早期香港邮票是由英国设计、雕刻、承印的，其成品运抵香港发行，大多为雕刻版邮票。香港是亚洲重要的货运及金融港口，第二次世界大战以后，香港经济和社会迅速发展，被誉为"亚洲四小龙"之一。

1997年香港回归后，集邮活动蓬勃发展。香港文化的独特性，使香港邮票受到内地及海内外集邮爱好者的喜爱。香港邮票内容丰富多样，体现了香港特有的中西方融合的历史文化，既有非常现代的设计，也有传统文化的题材。香港回归后，香港的邮票大多由本土、内地及海外设计师设计。香港有多位享誉海外的华人设计家都设计过邮票。

澳　门

澳门（葡语Macau、英语Macao），全称为"中华人民共和国澳门特别行政区"。1553年，葡萄牙人取得澳门的居住权。1887年12月1日，葡萄牙与清朝政府签订《中葡会议草约》和《中葡和好通商条约》，正式通过外交文书的手续占领澳门，并实行殖民统治。1999年12月20日，中国政府恢复对澳门行使主权。经过几百年欧洲文明的影响，东西方文化的融合共存使澳门成为一个风貌独特的城市，留下了大量的历史文化遗迹。

65

　　澳门邮票创始于1884年，当时邮政立法处于初创时期，没有形成完整的体系。1884年3月1日，《澳门邮政服务临时指令》在澳门生效。澳门总督加路士·施利华在1877年9月20日公函中提到："在澳门没有邮政部门，只由私人负责接收及将邮袋寄往香港，澳门的邮件被视为香港本身邮件。此外，在这里所实施的法例是《伯尔尼条约》，因为香港加入了这协定。在香港的航线为所有沿海地区提供服务。"

　　"在澳门不存在由官方组织的邮政。只由一位私人承担邮政服务，接收和寄发邮袋及与香港邮政进行通信，收取自行订立的邮资作为收益，但在葡萄牙及其领地邮政是由国家垄断的。"澳门任何邮政改革须得到香港方面认同方能实行。自1864年，澳门寄出的信件必须贴上香港邮票作为邮资。当时，澳门寄递的邮资十分昂贵。

　　1877年，澳门邮票计划与佛得角、莫桑比克和印度邮票由里斯本铸币厂一同印制，却因不明的原因未能发行。1882年1月1日起，一种改值的80厘士面值邮票成了当时使用的邮票。早在1877年，由里斯本铸币厂印制的澳门《皇冠》雕刻版邮票就已运抵澳门，但发行的时间却是1884年3月1日，其邮票也是加盖改值的邮票。澳门早期普通邮票是多次再版和改值使用的邮票。澳门邮票因邮政缺乏邮票，有欠资邮票改作普通邮票使用、税票加盖邮资使用以及慈善印花票加盖邮资使用等情况。

　　澳门气候非常潮湿，邮票不易保存，背胶易失效。当时澳门的信件流通频繁，大多数邮票是由葡萄牙设计承印的，基本都是雕刻版，均为运抵澳门后加字改值使用。澳门本地印制的邮票极少。

澳门早期普通邮票以雕刻版邮票为主，有百年历史。如澳门《皇冠》《加路士一世像》《航海纪念碑》《大葡帝国》等雕刻版邮票。

澳门早期纪念邮票和特种邮票设计感较强，胶版和影写版印刷较多，雕刻版邮票比较少。如《发现印度航线四百周年纪念》《圣母显现花地玛纪念》等雕刻版邮票。

1950年11月10日，首套华人陈大圭设计的《盾牌和龙》邮票，由澳门先进印务公司承印。1971年具有中国特色的澳门邮票开始发行，如《澳门风景》航空邮票、《澳门大桥》纪念邮票。1984年，首次在澳门邮票上印有中文《鼠年》生肖邮票发行了，自此，澳门开始发行十二生肖邮票。

1987年，根据中华人民共和国和葡萄牙政府在北京签署的《联合声明》，澳门在1999年回归祖国的怀抱。

1884—1999年澳门回归前，澳门邮票绝大多数非本土印刷，需要经过运输抵达澳门，所以存在着发行日期和流通日期时间不同的情况。澳门邮票在葡萄牙时期，多为加字改值邮票。期间使用的邮票周期长，记录着澳门沧桑变化的历史，现在多为收藏的珍邮。

1999年回归后，澳门邮票和集邮热情得到"爆发式"发展，邮票题材丰富多元，设计感、艺术性强，每逢新邮发行都是盛况，集邮活动发展迅速。回归后，澳门邮票多为本土设计师、香港设计师、内地设计师设计，在内地或委托国外印制。澳门迄今没有发现本土邮票雕刻师以及雕刻印刷的记载。

台 湾

台湾是中国第一大岛，台湾是中国不可分割的一部分。明末台湾曾被荷兰和西班牙分别侵入，1662年郑成功收复台湾。清代1684

年置台湾府，属福建省，1885年建省。1895年清政府签署《马关条约》，将台湾割让于日本，1945年抗战胜利后光复。1949年国民党在内战失利后败退台湾，海峡两岸分治至今。以邮票为证，以邮史为证，台湾是中国不可分割的神圣领土。

1888年3月12日，台湾巡抚刘铭传发布命令，载驿归邮，仿效西方国家开办新式邮政，颁布《台湾邮政章程》，在台北设立台湾邮政总局，任命陈鸣志为台湾邮政总办，正式名称是"台湾邮政总局"（或"大清台湾邮政局"）。台湾邮政开办之初发行了两种邮票，即《台湾邮票》供公务贴用，《邮政商票》供民众购用。这两种邮票均为木版雕刻，是由巡抚核定的版式和文字。传统雕刻技师在木版上做版模，采用手工印制，现存极少。刘铭传代表大清邮政委托伦敦伯雷特伯里威金生公司，选用雕刻凹版印制了《大清台湾邮政局邮票》，其主图图案为上龙下马，俗称"龙马邮票"。龙马邮票原定1888年6月发行，但成品却用毛笔手写或加盖地名，改为火车票使用，至今原因不详。

1894年，甲午战争爆发，著名爱国将领刘永福被调往台湾驻防，为筹募军饷，决定于1895年7月31日发行《溪流虎啸图》邮票。但1895年10月，《马关条约》将台湾割让日本。《溪流虎啸图》邮票虽然仅使用了81天，却是中华民族保家爱国、反抗日寇侵占台湾的重要历史见证。

直至1945年8月15日，台湾回归祖国，当时的国民政府为此发行《台湾光复》雕刻版邮票，由中央印刷厂北平厂（北京邮票厂）承印，是唯一许可贴用当时"国币"的台湾邮票。当时邮票主要用于通信使用，消耗量大，存世数量不多。但《台湾光复》邮票是台湾属于中国无可辩驳的历史证据之一。

为解决台湾用邮所需，1946年6月发行了《先烈像》雕刻版邮票，为香港版加字改值邮票，加盖"限台湾贴用"，由上海中华书局、永宁印刷厂印制加盖。1946年8月发行了《国父》雕刻版邮票，由上海大东一版和伦敦三版加字改值"限台湾贴用"。1946年11月15日发行《国民大会》雕刻版邮票，由上海永宁印刷厂加盖"限台湾贴用"。1947年5月5日发行《国民政府还都纪念》"台湾贴用"雕刻版邮票，由北平中央印刷厂（北京邮票厂）印制。1947年5月12日发行《国父像农作物》"限台湾贴用"雕刻版邮票，由大东书局上海印刷厂承印。

1949年新中国成立之前，内地几位早期雕刻师被带往台湾，成为台湾雕刻凹版的代表人物，使台湾的雕刻凹版得到了传承和发展，他们雕刻了许多钞邮券的精品。两岸雕刻师始终交流不断，同根所系，一脉相承。

第二章

雕刻凹版与版画

世界版画史简述

　　讲述雕刻凹版，不得不谈它的母体艺术——版画，准确地说是欧洲的金属雕刻凹版画。版画，是在各种可能的材料上，制作出可以涂抹各种颜料或油墨的版面，再用纸张或其他材质与版面进行转印，包括不用转印的独立版面，是绘画的一种表现形式。其中，各种可能的材料就是版画的版。而版画的形成、发展可以说是源远流长。

　　版画发展到今天，主要分为凸版、凹版、平板和孔版四种制版形式。其中，雕刻版又分为凸版和凹版两种形式，最形象的类比如中国篆刻中的阳刻和阴刻技艺，凸版在原版上雕刻时使图案部分凸起，凹版反之。古老的印刷制版多为凸版，在原版版面凸起的图案部分涂抹上水性或油性的颜料进行印制。而凹版，则需要将油性油墨涂压进版面的凹处，然后用压力在纸面上进行挤压印制。雕刻凹版目前最常用的是铜版和钢版，还有木版、铅版、锡版、铁版等材质。

　　铜版和钢版按照技法又分为两大类：一种是用尖锐的刻刀和针笔直接在版面上进行雕刻描绘，称为干刻法；另一种是先在原版版面上均匀涂抹防腐剂形成防腐层，再用针笔进行描绘，针笔在描绘线条时划破防腐层表面，完成后将原版放入腐蚀液中腐蚀，制作出腐蚀凹

① 传统雕版（凸版）
② 铜版画干刻法（凹版）
③ 铜版画腐蚀法（凹版）
④ 石版画（平板）
⑤ 丝网版画（孔版）

版，这种方法叫作腐蚀凹版法。这两种方法也可以结合使用。随着钢的出现，人们发现钢版硬度更高，耐印度更强，画面层次表现更细腻，防伪性也更突出。

版画的一个最大特点就是可以根据人们的需求大量复制，作为一种大众传播的手段，这是版画的重要使命。版画作为重要画种，在人类文明进程中得到了广泛传播和应用，是美术学院传统绘画专业之一。其中，雕刻凹版技艺也是目前应用范围最为广泛的艺术形式之一。

版画从诞生伊始，便与印刷术紧紧相连，而最初的印刷术便来源于雕刻凹版画（雕版）。印刷术是人类文明发展史上一个重要的里程碑，它的发明是人类智慧的体现，对社会文化的传播与延续、科学技术的交流与发展起到了难以估量的巨大作用，推动着人类文明向前发展，直至今天。

而启发古代版画和印刷术产生的雕刻凹版技艺在中国的历史非常久远。古代雕刻凹版最基本的特征，是以刀镂版，用刀刻这种艺术手法进行创作。在中国可以上溯到夏、商、周之前的原始社会。现在所能见到的旧石器时期的岩画，是最古老的刻在石版上的"石版画"。此外还有刻在

高铁英雕刻的《古代印刷》藏书票（传统木版）

兽骨、龟甲上的"骨版画"。现在大量出土的陶器、玉石、青铜器以及金银器文物上，文字和纹样的雕刻甚至达到十分精美的程度。古代青铜器、金银器都是先刻成阴模的反字、图案再翻铸成阳文正字和图案。从新石器时代晚期制造陶器时所用的印模发展而来的印章，是中国古代具有实用性、艺术性、鉴赏性的古老艺术形式，大大推动了版画在产生过程中的发展。到秦汉时期的画像石、画像砖、碑刻以及稍后兴起的石刻线画，都是使用锐器在原材料上镌刻而成，对版画的发展有着更为直接的启发意义。在造纸术出现之前，人们只能用天然材质作为记录图文的载体，用尖锐的工具在这些材质上镌刻，这是人类古代四大文明发展中都使用过的方法。

　　公元前2世纪左右，中国发明了造纸术，这对真正意义上的版画和印刷术的产生起到了至关重要的作用。如果自东汉蔡伦的蔡侯纸算起，到公元7世纪初印刷术逐渐成熟的唐代，已有500余年的历史。随着人们对文化需求的日益增强，尤其是宗教活动广泛宣传的需要，中国古代印刷术成熟于制版技术与纸张材质的结合中，印刷术的发明，是中华文明对世界文明的伟大贡献之一。

唐懿宗咸通九年《金刚经·说法图》

　　可以肯定的是，印刷术渐进到9世纪中期已经走了相当长的一段路程。盛唐开元天宝（713—755）年间，日本不断派遣遣唐使，汲取全盛时期的唐代文明。此后不久，日本皇室即出现了相对原始的雕版印刷品——《陀罗尼经》。中国木版雕版艺术的东渡是文明的继承和延续，繁荣丰富了人类文化宝库。

　　中国古代的印刷最初采用的是木版雕版印刷形式。被公认现存有确切刊印日期的最早的雕版印刷品，是唐懿宗咸通九年（868）刊印的《金刚般若波罗蜜经》扉页画。此卷长约16尺，由7个印张粘接折叠而成。卷首为一幅佛祖释迦牟尼在祇园的莲花座上为弟子须菩提长老及信徒说法的情景；卷末印有"咸通九年四月十五日王玠为两亲敬造普施"刊记。这份经卷原隐藏于敦煌莫高窟藏经洞中。1900年，在晚清政府腐败无能、西方列强侵略中国的背景下，莫高窟当地太清宫道观的王道士，发现了这个轰动世界的藏经洞，英国籍匈牙利人斯坦因、法国人伯希和等西方"探险家"接踵而至，从王道士手中骗取了大量藏经洞的稀世文物。这部经卷，也随斯坦因在中国劫掠的数目惊人的古代文物走私流散到海外，现藏于伦敦英国不列颠博物馆中。

中国的雕版印刷启于佛教，古代多数百姓并不识字。为了广泛传播佛教思想，图文并茂的形式更易于大众理解，很快，雕版印刷进入民间世俗生活。至宋朝（960—1279），书籍印刷及其插图印刷已达到至善至美的境界，随之发明了活字印刷术。印刷术的发展也使中国传统木版雕版技艺愈发精湛，以单刀线刻为主，刻工极为精细复杂，防伪性强。宋真宗时期（997—1022），出现了采用雕版印刷的世界上最早的纸钱币——交子。中国的活字印刷术随着文化的传播，从东方逐渐传到西方。

有意思的是，世界各地已知最早的印刷品几乎都出自于宗教活动。欧洲也是如此。当时欧洲采用的简单的印刷术也是以木版雕版为主。14世纪末，天主教主宰的欧洲，迫切需要对平民普及教义，当时欧洲平民识字的极少，因此印刷品以图像为主。这时欧洲文艺复兴思潮已经萌芽，催发了普通大众对文化的迫切需求，出现了大量的木版印刷。15世纪中叶，欧洲采用的雕刻技法与中国的木版凸版雕刻技法非常接近，在欧洲木版画出现的30年中，雕刻凹版画便出现了。1450年，德意志人古腾堡在美因茨城的工厂中发明了金属活字印刷技术，其中铅活字版机械印刷术得到广泛应用，传遍欧洲，奠定了现代印刷术的基础。随之，雕版制版也开始采用金属雕刻凹版的形式。大约一个世纪后，金属雕刻凹版和铅活字版机械印刷术又由西方传回东方，传入了日本和中国，形成了版画与印刷技艺上的一次迁徙。

雕刻凹版画这种源于手工业的技艺形式，在很短的时间里发展成为表达文艺复兴时期辉煌成就的艺术形式，对欧洲文艺复兴思潮的传播和推进发挥了重大的作用。与木版画一样，版材是雕刻师的出身地，金属雕版最初也是由加工金银器的工匠来担当的，比如德国的马丁·施恩告尔、丢勒以及意大利的菲尼贵拉、安东尼奥、泼拉约澳洛、巴乔等等，都出身于这种欧洲传统的工艺领域。欧洲中世纪时期的德国、法国、意大利、爱尔兰等地都非常盛行金银器，例如，从骑士的铠甲、武器以及教会所使用的金银器皿的装饰上看，虽然这些物品表面是弯曲不平的，但雕刻技法和雕刻凹版画技法是一致的。

历史上，不同时期和地域的艺术巨匠们都有大量知名的版画作品。以雕刻凹版画为代表的文艺复兴版画的革新开始后，出现了彩色木版画和金属腐蚀版画，从此推开了版画的创造之门。第一位真正意义上的版画家是德国文艺复兴巨匠——丢勒，他无限的创造力使版画发生了质的飞跃。15世纪初期，以丢勒为代表的一大批铜版画家开始尝试腐蚀版画，铜版画从此取代木版画的中心地位。

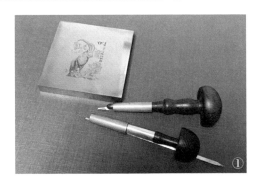

① 钢版雕刻凹版
② 雕刻凹版打样稿

① 铜版画打样机
② 铜版画打样

　　版画的迅速发展得益于它适应现实的特点，以及它与艺术创新和技术革新间的紧密联系，是一种需要技术机械支撑的艺术表达形式。版画的创作和制作过程相对较快，最为重要的是版画的复制性以及复制性带来的广泛的传播性，在很大程度上使艺术家们不再受限于教会神职人员和贵族阶层这些雇主，而是面对社会大众的需求，可以自由地表达。大概经历了100多年，另一位不可不提的画家出现了，荷兰最伟大的画家——伦勃朗（1606—1669），他的创作成为铜版画发展史的分水岭，他将干刻和腐蚀等技法结合应用，使铜版画的技法迈入无限的表现空间。

　　18世纪复制版画非常兴盛，雕刻凹版画在几个世纪中一直是欧洲一个兴旺的行业。当时出版业十分兴盛，雕刻师和印刷师的社会需求很高，高手众多。19世纪，巴黎云集了大量的画家、画廊和出版商，成为备受瞩目的艺术中心，成为欧洲现代版画艺术的主要阵地。

　　中国传统木版雕版画（中国水印木刻）以及欧洲文艺复兴时期的欧洲版画，都是版和纸固定在同一个位置上，根据图形来确定版的位置。北京荣宝斋作为中国水印木刻的代表，复制过从唐代到清代每个时期的经典绘画作品近30幅。其中，《韩熙载夜宴图》以1667块套

传统雕版及水印木刻

版为榜首，耗时8年时间，共制作了50幅，每一幅需要反复用颜色印制七千多次，一版印错则前功尽弃。这项倾注了无数精力完成的浩大工程，使得中国传统水印木版画达到了难以超越的高度。

通过汲取、摸索和实践，日本在中国水印木刻的基础上进一步发展了水印木版画的多色印刷技艺，传到了江户（现东京）后，随着《插图和徘谐书》的出版，逐渐形成了日本版画的独特风格——浮世绘。其中，对版线的运用是日本的浮世绘与中国水印木刻最大的区别之一。中国水印木刻，采用的纸张薄，纸幅可大可小，适合批量印制。而日本的纸张较厚，采用对版线，就可以使用多色印刷印制数量少、纸幅小的作品。浮世绘作品受到了欧洲布拉克蒙德、德加、莫奈、马奈、高更、梵高、劳特累克等艺术家的赞赏，对法国的印象派和后印象派产生了很大的影响。在版画长久的历史发展过程中，是世界不同文明相互影响的过程。

同时，西方历经五百多年，将版画种类由木版扩展到铜版、钢版（金属版）、石版、孔版以及综合性版种，极大地拓宽了版画的表现领域，并形成了完整独立的版画艺术体系。20世纪30年代，中国出现了新兴木刻，是思想家、文学家鲁迅极力倡导的。1930年左右，鲁迅觉得与文章相比，绘画更能唤醒民众的心灵，从而注意到版画的作用，他不断将国外的版画作品介绍回中国，将许多精力投入到版画的介绍与扶持中，使版画承担了文化武器的作用，使美术与当时现实的革命联系在一起，从而宣扬了革命思想。新兴木刻成为时代的写照，民族精神的再现，作品超出了其艺术本身的意义。独树一帜的中国现代版画是社会主义的一支优美颂歌。

版画这种艺术形式始终与印刷既相伴又独立，技术与艺术结合的版画艺术形式较好地传播了人类宗教、文史和世俗文化，这些都赋予了版画特殊的文化内涵。其中，包含着凸版、凹版、腐蚀版的雕刻凹版技艺最为古老，应用也最为久远。雕刻凹版技艺天然的防伪性能使其在实用领域中广泛应用于纸币、邮票、证券等有价证券的印制中。

（本章部分图片由北京虚苑提供）

第三章

雕刻凹版与印刷

浅谈邮票的印制形式

　　新中国成立以来，邮票印制主要由四家企业承印。1959年之前由北京人民印刷厂印制，1959年北京邮票厂成立后，邮票印制任务全面由北京邮票厂完成。为适应人们用邮和集邮对邮票快速增长的需求，1992年河南省邮电印刷厂、辽宁省沈阳邮电印刷厂开始承印部分邮票任务。1959年至今，绝大多数是由中国邮政这三家专业的印制企业承印邮票，其中北京邮票厂和河南省邮电印刷厂承印雕刻版邮票。

　　北京邮票厂作为我国第一家专业的邮票印制企业，拥有全面的邮票印制工艺。1994年，邮电部决定北京邮票厂划归邮票发行局，在

1959年北京邮票厂成立　　　　　　纪65《中捷邮电技术合作》

邮票印制局（徐喆雕刻）

北京邮票厂的基础上成立了邮票印制局，邮票编辑、设计工作归属邮票印制局负责。2007年，中国邮政集团公司成立，中国邮政集团公司邮票印制局是目前我国唯一集设计、印制、储运于一体的邮票专业印制基地，现已成为亚洲最大、世界知名的邮资票品生产中心。每年为全国信函邮票的使用和集邮者的收藏提供数亿枚的普通邮票、纪念特种邮票、明信片、邮资封片等邮资票品，同时还承印各类证件、票据、商标等其他高级防伪印品。邮票印制局的目标是把企业建设成为国内领先、国际知名的防伪印务集团。

以邮票印制局为例，近现代主要印刷方式是平版、凸版、凹版、孔版等，邮票印刷继承和延伸了平、凸、凹、孔等印刷工艺，印制技术基于印刷技术的发展而演进变化。印刷技术历经"铅与火"到"光与电"，再到计算机技术的"0与1"，形成了一套适用于邮票印制的工艺体系。

平版印制邮票里包括石版珂罗版、金属平版及胶版。凸版印制

《丙申年》雕刻印筒　　　　　　　　研究生肖邮票打样

邮票里包括金属活字凸版、铜锌凸版、感光树脂凸版、电子雕刻凸版和柔性版等多种形式，传统雕版和活字印刷都属于凸版印刷。清代邮票、解放区邮票以及新中国成立后都有部分凸版邮票。凹版印制邮票包括手工雕刻凹版、机械雕刻凹版、照相凹版（也叫影写版、电子雕刻凹版），其中手工雕刻凹版是最为经典的邮票印刷方式，钞票也是。从世界上第一枚邮票开始，就是手工凹版印制。凹版印刷印制效果好、成本高、防伪性强。北京邮票厂印制了大量的雕刻凹版邮票精品，在国内外屡获殊荣。邮票印制还有孔版印制邮票。

除了以上4种印刷方式外，邮票还有影雕版印制邮票和胶雕版印制邮票两种特种印制手段。

除此之外，邮票印制局还有多种特种印刷方式，这些新型印刷手段和新材质的应用，使我国邮票印制技术稳居世界先进水平，在历届世界各国政府间邮票印制者大会中获得了诸多重要奖项。同时，邮票印制局还承印诸如第二代身份证、国税税票、北京地税发票、2008年奥运标识等系列重要项目。企业安全管理工作在国际安全印刷业中享有盛誉，得到万国邮政联盟、国家公安部等权威部门的高度肯定。

邮票印制局还拥有两个品牌，伴随着新中国邮票历史发展至今，即一支专业邮票设计团队和一支专业邮票雕刻团队。

自1878年大龙邮票发行至今，我国发行邮票已有140年历史。清代邮票都是由外国人设计。民国时期的邮票设计多是从印制厂家征集选择的图稿，设计形式简单。国内革命战争时期，解放区邮票呈现出强烈的革命时代感，内容明确、主题突出。1949年新中国成立后，经过国内革命战争和抗日战争洗礼的早期美术家，对邮票

大龙邮票（1878年发行）
中国第一套邮票

投入了极大的热情，邮票的艺术性、主题性达到了前所未有的高度，为新中国邮票设计做出了巨大贡献。随着中国邮政事业的蓬勃发展，1953年，邮电部组建了专业的邮票设计队伍，从全国甄选出优秀的艺术院校的几位大学生，邮票设计工作走向规范化。1976年，邮电部加强、扩充邮票设计团队，从专业院校优选专业人员，人数最多时，两代专业设计师约20人。

中国邮政很早就开始重视知识产权的保护。20世纪50年代，邮票图稿都是经过邮票审核委员会严格审核，报邮电部批准。这个时期，邮票的编辑、设计工作走向了法制化的轨道。进入21世纪，邮票图稿设计注重政治性、科学性、艺术性、知识性的

新中国第一位邮票设计家孙传哲先生
（李昊雕刻）

新中国早期邮票设计家

统一，在设计与印制工艺的结合上取得了很大成就。1985年，第一
届邮票图稿评审委员会成立。从成立到现在，历届邮票图稿评审委
员都是全国著名的美术家，用美术届的话说，这是全国美展评委阵
容。截至目前，邮票设计家团队已传承四代人，目前我们拥有专业
在职邮票设计家10人。

　　中国钢雕刻凹版技艺的传承至今已有110年历史。北京邮票厂
（邮票印制局）的建立及其发展成就，代表了中国邮票雕刻凹版、印
制的水平，四代邮票原版雕刻师传承有序，至今共18人，表明中国邮
政拥有完整的邮票原版雕刻师力量，在全世界名列前茅。目前，我们
拥有6名专职邮票雕刻师，4名邮票雕刻设计师，这是一支年轻的雕
刻团队。其中，有经过老一代雕刻家传承培养的第三代雕刻师2人，
2012年又经过考核甄选出8名新人。这十人经过欧洲雕刻名家的系统
培训，掌握了传统的手工雕刻凹版技艺和现代数字化雕刻凹版绘画的

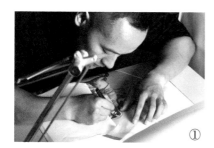

① 手工雕刻布线
② 手工雕刻
③ 电脑手绘布线

技艺。雕刻凹版技艺虽然源自欧洲，但经过几代雕刻师的传承培养，我国目前的雕刻凹版技艺在全世界处于领先水平。我们的年轻雕刻师，近几年已逐渐显现出他们的过硬实力，佳作不断涌现，并已开始承接国外雕刻版邮票任务。

　　雕刻版邮票一直深受广大集邮者喜爱，具有集艺术性、防伪性于一身的特点，雕刻凹版印制工艺作为最传统、经典的印刷方式，应用广泛，主要应用于钞邮券等有价证券以及书刊和知名品牌上。早期，书籍插图、粮票、藏书票甚至火花的印刷，都采用雕刻版。在欧洲，早期大量的凹版复制版画曾经有几个世纪的繁盛时期，雕刻版应用范围非常广泛。现在，邮票印制局正在大力拓展雕刻凹版印制的现代应用范围，不断加大设备的升级、更新力度，加强雕刻师队伍的培养，为未来的印制事业发展做好充分技术储备。

　　（本章部分图片由邮票印制局提供）

2015年黄永玉先生在印制1980年生肖猴票的设备前

2016年韩美林先生观看邮票印样

2017年百岁周令钊先生观看邮票印样

2018年韩美林先生与王刚老师参观印制车间

《丙申年》生肖邮票
（2-1）T "灵猴献瑞"

《丙申年》生肖邮票
（2-2）T "福寿双至"

《丁酉年》生肖邮票
（2-1）T "意气风发"

《丁酉年》生肖邮票
（2-2）T "丁酉大吉"

《戊戌年》生肖邮票
（2-1）T "犬守平安"

《戊戌年》生肖邮票
（2-2）T "家和业兴"

韩美林先生创作的《己亥
年》特种邮票设计原画
稿，一图 "肥猪旺福"

韩美林先生创作的《己亥
年》特种邮票设计原画
稿，二图 "五福聚齐"

父女相承，"算房高"的雕刻情缘

高振宇　口述

我是北京"算房高"第三代后人，1929年出生在北京。"算房高"的称谓源于我的爷爷高芸（字兰亭），他是浙江绍兴人，官至三品。清代兴建工程由内务府负责，分"样式房"和"销算房"，样式房负责设计，销算房负责工程预算。我爷爷长于计算，预算材料往往跟实际所用只差一两块砖，例如天坛预算就只差毫厘。我大伯子承父业，因不愿与窃国贼袁世凯同流，称病离开，"算房

高振宇、高铁英老师

高"从此退出了销算行。高家有数学天赋，名校毕业的理工翘楚不胜枚举，中科院学部委员高振衡就是我的本家。

我小时候数学很好，但阴差阳错从事了钢版雕刻，跟艺术相关的行业，应该是兴趣使然。我父亲是个小职员，新中国刚成立时，他动员我大爷把部分祖宅卖掉，买公债来支援国家建设。父辈的奉献、正直对我影响很大，甚至因此留下一些遗憾，但我依旧不后悔当初的选择。

勇敢抉择

1929年，我出生在北京。虽然从小喜欢美术，但因为生计就早早地开始了工作。那时候日本还没投降，北京的工作机会不多。所幸，通过表哥介绍，我进了541厂，他之前就在那里工作。进入541厂后，我被分到凹版、凸版环节，我负责凸版。

在541厂待的时间不长，一个多月后日本就投降了。我想自己还年轻，还得学文化，就这么窝在工厂里，还有点儿不甘心，所以就从这个厂子离职了。

我家当时住在和平门附近的新帘子胡同，离长安街很近，就在西单一带。对口的中学是北京六中，当时入学考试都已经过去了，我很着急。于是，我找到校长，把我当时的情况讲述了一番，希望能够让我继续读高中。校长他们通过研究认为，我可以继续读高中。所以没经过入学考试，高中会考也没有参加，我就进入了六中学习。

在六中学习期间，我们的美术老师王青芳给了我很大的影响。他是当时知名的木刻家，我跟他学到不少东西，同时，自己对美术的兴

高振宇先生青年时期

根据刘文西先生素描稿雕刻的"毛泽东在抗大讲话"

根据侯一民先生素描稿雕刻的"工人农民像"

齐白石像

趣也极大地激发出来了。到了高中毕业，我又面临着另一个选择。

当时，高中毕业再考大学也非常难，为什么呢？因为东北流亡的大学生都挤到北京这儿来了，连要碗饭吃都没有，更别说生活的出路了。我本来想考美术学院什么的，自己想了想，还是不行，就放弃了。后来我就自己时常在家里画画儿，我喜欢画小猫，也喜欢画鸟。在家没有人教，全靠自学。

于是，我又报考了541厂。当时考试科目有数学、语文等好几种，所有人都要经过考试环节，最后谁考上了谁就去。当时参加考试的人相当多，那时候，北京失业的人太多了，大学生也没有工作，那怎么办？也是一块儿考。可有些大学生也不见得就能考上，因为小学生的题目大学生也可能答不上来。于是，高中毕业后，我通过考试，重回了541厂。

这次入厂前，我就知道有一个负责雕刻的部门，但是以前没进去过。对雕刻部门，我心里其实挺向往的。面试时，我准备了几张炭画（我拿炭笔画过毛主席像，画过小猫等等），当时我就交给了人事科，他们收了下来。

但结果，我被分配到制墨部门，我觉得压墨劳动就是重体力劳动，我对此并不太感兴趣，因为我想做技术。于是待了不到一个月，我就开始考大学，没想到考上了华北大学。

被大学录取后，我找到人事科办辞职关系，并要取回之前交的几幅画。人事科的干部说："哟，这是你画的呀？我们正找这个人呢。要不这样，把你留到人事当干部，你同意吗？"我说："不愿意。"他说："那调到雕刻室呢？"我说："这个我愿意。"于是我又回到厂里上班了。这个改变我人生轨迹的决定，我始终没有后悔过。

初识刀与钢

雕刻室的职位也属于干部。进入雕刻室前，我参加了单位的干部训练班。干部训练班开办的目的，就是要改造员工的思想和人生观，为员工树立新的人生观。从那时起，我就树立了一个信念，我这辈子的工作，就是党交给我的任务，我要好好地刻版了。

那时，我也就二十来岁，是雕刻室里年纪最小的人。雕刻室有二十多人，能干活的不多，真正能刻出东西上原版的人就更少了。有的人学一辈子，刻一辈子都没上一回原版。这种手工雕刻，不是随便一个人就能刻的。

在新中国成立前，有好多人是托关系到雕刻室来的。美国人海趣到这儿，他的工资很高。他带的学生出徒的，肯定工资也很高。1949年之前，吴锦堂先生都坐黄包车上下班的。所以，很多人看到这个地方能挣钱，家里有钱的都托关系进这个设计室工作。但是这些人不一定能出成绩，能上原版。

邮票雕刻师高品璋和孙鸿年早期也在541厂工作，这两个人很努力，对雕刻挺下工夫的。记得我还没进厂工作时，有一次看见一个小伙子在院子里跑步，挺精神，我一问才知道那是雕刻师孙鸿年。那是我第一次知道雕刻师这样一种职业。

教我雕刻的师傅有吴锦堂，后来是吴彭越，当年他们手把手教我雕刻的画面至今还历历在目。后来，我雕刻作品时都非常重视素描关系。在这一点上，美术专家侯一民对我还挺满意的，他老是夸我勾的玻璃纸非常好。他说，应该完全按照素描关系勾玻璃纸，素描轮廓怎样就怎样勾玻璃纸。这是为雕刻打基础呢。

除了干刻以外，我还学习了解到很多其他艺术技法。比如印版有时候要腐蚀，因为版不完全是用刀子刻出来的，有的是用针子刻的，这就需要用药水把它腐蚀出来。这种技法比较复杂。我记得老师当时教我的时候拿了一支毛笔似的大笔，再搁上小碗药水去腐蚀印版。后来我自己慢慢摸索方法。在刻《天坛》邮票时，我就自己动脑子改用小毛笔来腐蚀了。

　　干雕刻这一行比较枯燥，要是不喜欢，苦学是学不进去的。我印象中有一位同事（名字我记不住了），他就是不喜欢，后来他实在练不下去了，气得当场就把刀子扔到房顶上了，版也扔在地上了，干脆不干了，回家了。

1954年雕刻的《经济建设》邮票中《阜新露天煤矿》是高振宇先生邮票雕刻的处女作

回声和意外

　　聊起《天坛》这枚邮票，也算是"算房高"在我这儿的历史回声。天坛的预算当年就是由我爷爷高兰亭做的，工程完工后仅余下两块砖，一块瓦。巧合的是，几十年后，天坛邮票的雕刻任务又落到我肩上。1957年，我被分配雕刻特15《首都名胜》中的《天坛》邮票。

　　我的爷爷当时工作非常认真，他把自己做的东西全都记录下来了，包括什么东西放在哪儿他都用图纸详细地记录了下来，所以才能为现在恢复圆明园遗址提供可贵的材料。我呢，也应该学习爷爷工作的这种态度，应该努力把天坛邮票的图案刻好。

　　经过反复地实地观察、设计，我应用了间距较宽、深而且粗的线纹雕刻近景，与天坛主景拉开一定的距离，来表现画面上建筑的不同

《万里长城》

《名远桥》

特15《首都名胜》（局部）

质感，成功地刻画出天坛古建筑的壮观和美丽。

除了这次回声以外，还有一个埋藏了50年的意外。纪50《关汉卿戏剧创作七百年》纪念邮票中的《望江亭》是我的代表作。早在1958年，英国《集邮者年鉴》就将这套邮票中20分面值的《望江亭》评为当年世界十枚最佳邮票之一，相当于邮票界的奥斯卡奖。

当时，世界还处于冷战时期，社会主义跟资本主义阵营尖锐对立。中国是社会主义国家，那时很少跟资本主义国家有这种往来，而且资本主义国家评邮票的时候，也很少给社会主义国家的作品评奖。因为信息交流不畅，这个获奖的信息就被封藏起来。

这一封藏就是50年。2008年，我们厂厂庆写《百年北钞》，女儿铁英是编委，她那时候收集资料时才发现我获得了这个奖。可以说是意外中的大奖。

这张票博取评委之点就在于，用西方的钢版雕刻完美再现了中国画的神韵。画面的原图样式木版画，也是中国的传统艺术。在雕刻前，我详细研读了关汉卿的《望江亭》。邮票图案上的姑娘是谭记儿，她正在划船，她当时乔装打扮成一个打渔的渔民。画面上还有一位权贵杨衙内，他要害她的丈夫，结果谭记儿想出妙计没让杨衙内得逞。

高先生的代表作《望江亭》

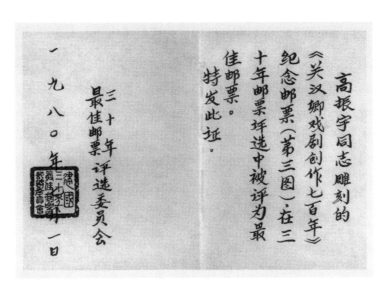

1980年，高先生雕刻的《望江亭》在"建国三十年最佳邮票"评选中获奖

这个故事还是很精彩的，把谭记儿的聪慧勇敢充分地展示了出来。

这枚邮票雕刻的最大困难是，刻版从一开始就得同时考虑到详细的步骤，安排妥当，这样才能不乱，达到表现要求。由于它是仿木头刻的，我们刻的时候不能像钢凹版那样刻，要表现出木刻突出的特点。就这一点而言，这枚邮票的雕刻要求非常高。

雕门虎女

我自己虽然雕刻了一辈子，也出了不少精品，但我一开始是不愿意让自己的孩子走这条路的。铁英小时候，我就不让她学。我告诫她，学雕刻倘若吃不了苦，就要半途而废，你不如干点儿别的。而且这个行业竞争异常激烈残酷。比如说双轨赛。一块原版并不是一个人刻，而是好多人一起刻。但最后只能选一个上原版，其他的就白刻了。这样做主要为了保证雕刻的质量，但对雕刻师个人来讲很残酷。

一般人是受不了这种打击的，被淘汰下来的那个人的辛苦就全白费了。其实好多时候大家的雕刻水平都差不多，质量也差不多，但最后只能选一个人。

但后来她妈妈同意她去，外面的人也都说挺好的，我也就让她去做了。铁英去了之后首先告诉我，不让我随便给她找老师。最后，铁英还是跟我学得多。之后历经努力，铁英也小有成就，让我很欣慰。

后来，铁英还延展了雕刻这门艺术的应用。机缘巧合，有一次活动，铁英认识了一些喜欢藏书票的人，他们问铁英，能否给他们做藏书票。后来铁英也想搞点儿新载体，于是她就尝试着做一些藏书票。结果出乎意料，大家都特别喜欢。一看大家都喜欢，铁英就特别自信，觉得可以继续做下去了。

用刻刀记录时代、传承文化

高铁英　口述

我的好多作品都是那些喜欢藏书票的人督促我去做的，由我父亲来指导，没想到获了好多奖，国内国外的都有。于是我从这儿找到了自信，一点点地就开始钻研这个。

外界老说手工雕刻面临着失传，所以我就想，怎么能把它好好地传承下去？这是一件挺重要的事情。因为学的人越来越少了，到我们单位学手工雕刻的，半途而废的特别多，有的学两天学不下去就转行了。因为这个（手艺）挺复杂的，有些人觉得很枯燥，确实学不下去，包括我女儿也不愿意学雕刻，所以传承挺难的。但是我发现有这么多人喜欢书票，我就做一些书票，这样也算找到了一个可以延续下去的载体。

梁思成曾经来过我们高家，为了看"算房高"的资料。他想当时把这些资料带走，结果赶上了变故。后来这些资料被他的续弦林洙历经艰难保存在清华大学图书馆里了。林洙是林徽因的同乡，后来嫁给了梁思成，她在清华大学图书馆工作。后来高家把这些资料都捐给清华大学了，是林洙接管的。

高家前两代人完成了中国传统建筑的传承，保留了历史和民族的记忆。到了我和女儿这两代，时代发生了变化，我们换到了雕刻这条赛道上。我们一直努力着用刻刀记录时代、传承文化，同时寻找新的起点。

（王新一／文字整理）

新中国第一位女钢凹版雕刻家

赵亚云 口述

雕刻凹版是技术，更是艺术，既要求精准，也要求传神。因此雕刻凹版非常难，想当一个雕刻家，没有几十年的功夫很难达到。三年能出徒，但是修行就要十年、二十年，甚至是一辈子的事。

赵亚云老师

学海无涯

我和雕刻的缘分，大概要追溯到年少时对画画儿的喜爱。那时候，我在北京一所艺术学校专门学习绘画，其实就是现在的少年宫。但当时家庭条件差，缴学费很困难，只上到高小六年级就辍学了。于是，自己很早便出来打工。我在纺织厂做过工，还给私人工厂画过茶叶桶。说是工厂，其实也就是私人的小作坊，并不是有规模的大工厂。在那时，这类经历对于贫苦人家的孩子再熟悉不过了。

19岁的贫苦少女，如果是在旧社会可能早已嫁为人妇、洗衣做饭、四处打零工，甚至有了小孩儿。新中国成立，1949年成了无数妇

① 赵亚云老师在541厂
② 赵亚云老师为人民币设计做模特造型

女命运的转折点，这其中也包括我。

那一年，在早期雕刻大师林文艺的推荐下，我来到当时的北京国营541厂（北京人民印刷厂前身）。那时，林文艺已经是知名雕刻家了，曾雕刻过以新华门为主题的钞票，凑巧他还是我爱人的大哥。当时厂里正在招聘新人，林文艺说有一个小女孩可以看看，就把我领去了。进到厂长办公室，厂长一眼就看出我比较踏实，就让我留下来，说要好好儿培养。

顺利进厂后，我就来到设计室学习雕刻。因为人老实，凡事不计较，老师们都很喜欢我，愿意多传授技术和经验，我也学得很快。当时和我同时进厂的大概有四五位，我是唯一一个女同志。

刚开始学习时，我半天学雕刻，半天学图案。最开始，王意久老师教我设计图案，分别学习刻字、装饰、风景和人像。这四种技术必须全部掌握，才能更进一步，我当时全掌握了。

我跟着刘国桐学雕刻文字，跟着武治章、沈彤学雕刻装饰，他

董必武先生像

们都是老一代雕刻大师。其他老师还包括林文艺、吴彭越、鞠文俊等，但当时并没有定师徒合同，只是在我们完成任务后，自己雕刻时，师傅在旁指点一下即可。更高一辈的吴锦棠老师，也就是吴彭越先生的父亲，对待大家就像慈父一样，他经常带我们出去写生。写生时，他叫我们到树荫下乘凉，大家也就顺势围着他坐成一圈，听他传道、授业、解惑。

进厂不久，有位老师看我掌握刻刀的功夫可以了，也敢交给我一些正式的任务了。当时国家已经开始做第一套人民币了，老师们看我有绘画基础，刀工出众，就让我帮着修修补补，给风景加深层次。因为老一代雕刻师刻的风景不够深，需要上二道蜡加深（雕刻的一种工艺），即把纹加一道蜡。记得有一次，老师们让我把"1948年"这几个小字雕刻出来，要求我不许跑刀，不能出错。结果，我顺利完成了任务。

钞票雕刻没有回头路，一点儿都不能出错，如果敢让新人雕刻，那就一定是非常信任的。

为了不辜负信任，也为了精进技术，业余时间我几乎都用来学习，内容包括绘画、艺术、美术以及文化知识。这种认真态度也是我一直坚持的。比如在第九届太平洋印钞会议召开时，我会提前半个月就做准备，找参考资料，我写作的关于雕刻版装饰的论文发表在大会专刊上。

坚持学习最大的敌人便是身体的疲劳感。在当时那个年代，除学习之外，劳动更不能缺席。早晨有团小组、党小组学习，下了班之后有生活小组开展的学习。为了提高文化艺术水平，我自己还会到外面学习。可以说，年轻时不到半夜12点就没回过家，真算是"玩儿命"地工作学习。

峥嵘岁月

即便工作如此辛苦，也没有妨碍我的热情。参加第一到第三版人民币的雕刻，是我最有成就感的工作。虽然文字、风景、人物全套雕刻我都能胜任，但我的专业是装饰，在后三套人民币中，我负责的也是装饰内容的雕刻。在很多外行人看来，装饰并不是作品的核心部分，但我认为非常重要。党和国家培养了我，改变了我的命运，我就要完成国家交给我的任务。

事实上，雕刻师的任务都很重，除了雕刻人民币之外，我还雕刻了多个国家的钞票。有些是我们国家负责刻版，有些还负责印刷。同时，还有邮票的雕刻任务。

1959年之前，邮票都是由541厂来完成，邮政第一代邮票雕刻家孙鸿年和高品璋先生，都是出自我们厂，这两位老师的刀功都非常好，高老师为人十分谦和，我印象很深。这两位老师都是出自装饰和文字方向，功底全面。

相比雕刻邮票来说，人民币雕刻工作防伪性是第一位的，人民币同样是集技术性与艺术性于一身。例如，第三版人民币雕刻版工艺要求高，制作难度大，包括我在内的多名雕刻师各自发挥雕刻特长，将手工雕刻与机器雕刻相结合，最终才攻关成功，让第三版人民币的艺术性和防伪性比之前更上一层楼。

第四版人民币由于刻画人物众多，难度也更高。同时，不同票面上的人物并不是由一人雕刻完成，这需要众多雕刻师达成一种默契。而在每个人雕刻风格都不同的情况下，在艺术上达到统一，更是难上加难。因此，从雕刻艺术角度来看，第四版人民币算得上是精品之作。

当然在人民币雕刻版工作中，也时常有趣事发生。比如在雕刻少数民族人物头像时，需要将很多不同少数民族姑娘的头像合成一个头像，这是为了避免人民币上出现某个具体人的形象。我也曾经和另一位工人做过模特，摆造型，最后人民币上采用的形象跟本人似像非像，倒也成了一桩趣事。

同时，由于各自的雕刻风格不同，雕刻师们在人民币防伪工作中也充当了关键性角色——鉴定人民币真伪。一旦发现疑似假币，雕刻师们就会去公安局进行鉴定，一旦确定不是自己刻的，相关物料马上会被扣押。

值得注意的是，雕刻师们通常都有"暗记"，比如在某个角落刻下自己的标记，别人都发现不了。"暗记"是帮助雕刻师鉴别真伪的重要方式。

我们在工作期间特别注重技法的研究，大家都认可我的"深浅交错暗花"技法。其实，不少雕刻师在技法上都有侧重和绝活儿，比如风景注重腐蚀技法，高振宇老师上"二遍蜡"就是绝活儿。

作为北京印钞厂培养出的女雕刻家，同时也是中国第一位女雕刻家，很早我就被登上了报纸，这要感谢新中国，感谢党的培养。

攻坚克难

在繁重的工作面前，要想干出成绩，不辜负国家的悉心教导和培养，必须竭尽全力，但这也意味着，你需要舍弃工作之外的一些东西。

关于赵亚云老师的报道

在进541厂之后，我每天至少八个小时趴在桌子上刻板。后来我结婚生子，老师非但不给我开绿灯，还会告诉我不要占用工作时间给孩子喂奶。对于学习技术，老师对我们的要求也很高，我们新中国成立后这一代都学得比较扎实。

因为我的工作，我的母亲付出了很多。老师傅不让母亲将孩子过来喂奶，我只好放着不管，让母亲帮我照看孩子。那时，为了争取进步，我很早就给孩子断奶，给孩子熬粥喝，将奶粉钱捐给了灾区。

还有一次，第四套人民币雕刻任务下来不久，我那时刚好怀孕了，为了不耽误工作，我最后和爱人商量，去做了人工流产手术。即便是在特殊时期，我也并没有停止工作，仍然趴在桌前练习刻老虎、鹰、鹿和书签，完全不受外界干扰。

困难还远不止这些，钞票雕刻版工作需要高度保密性，所以我们在刻钞票时，不能告诉任何人，连母亲都不知道我是干什么的；也不能对外透露我的工作，更别提拿雕刻样票回家了。

我们做援外任务也是如此，科室里的同事都不知道我们在做什么，厂里只把参与者单独调过去，在厂里的三座小楼里，完全封闭式地做援外任务，因此我在这方面的经验也相对多一些。

在平日的工作中，最怕的还是出错。一方面，在错误的基础上修改需要巨大的工作量；另一方面，工作计划不等人，时间宝贵也是需要考虑的问题。我自己就遇见过这种情况。在刻人民币下方的暗花时，我刻完底稿之后就让机器雕刻花纹，可能因为版没擦太干净，机器花纹的针放得不实，底下有一种膜，蜡刻破了，但是版上的薄膜并没有刻破。结果腐蚀（一种雕刻工艺）后一看，暗花全都是花的。当时我就惊出一身冷汗，赶紧请光版师傅将版磨平，我连夜又把这个暗花重新做了出来。

世代传承

对于培养接班人，我一直都抱着这样的想法：国家既然培养了我，我就得继续往下培养，还要培养得出色。

我的第一批学生是苏席华、耿生发，苏席华现在是高级工程师；第二批是谭怀英、马渐喜；第三批就是马荣和杨敏。其中，马荣是第五套人民币毛泽东主席肖像的原版雕刻者。2017年9月，马荣还走出国门，受意大利国际雕刻师学院邀请，去欧洲授课。

雕刻是技术和艺术的结合体，它和绘画有很大关系，光会雕刻，刻得再好，也是学人家的线条，雕刻师必须要学绘画，否则刻的东西再好也是死板的，没有灵气。所以，我教学生的最初阶段，都是带他

雕刻作品《北海公园》

雕刻作品《黄山陪客松》

们去画素描、写生，然后一步步慢慢来。所以我带的这三批学生绘画功底都比较好。我的每一批学生跟随我学习三年时间，我教学的经历从三十多岁一直延续到返聘以后。

我的第一批学生是包教包学；第二批改成了师徒合同，必须要尊师爱徒，师傅怎么教，学生怎么学，俩人互相订协议；第三批就有正规的一个教学计划了。因为社会进步了，老师就必须有一个规划，保证让学生达到什么水平。

我的老师教我的方法就是仿刻，他会拿一个东西让我去模仿，练习雕刻的基本功。到我教的时候，我就有了一套成熟的教学理论，比如线条的宽窄表现什么；线条越粗会有怎样的效果；点子越小，就要越浅等等。

理论化的教课，效果更加显著，因为第三批学生的文化、艺术水平相对较高，再用老一套的方法来教，他们反而不理解，坐不住。他们都经过美术学院专业系统的美术训练，我教第三批学生时是把系统的教学方法和理论结合起来。他们学习雕刻的理解力强，进步很快，我的教学方式也在不断地探索改进中。

在训练学生时，我通常会用配药水的量杯，盛满一杯水放在桌上，要求学生在烦燥的时候看看这杯水，它不动弹你心里就不许动弹。我就这样来平静他们内心的。我要求学生除了上厕所之外，这四个钟头甚至是八个钟头必须坐得住。正所谓严师出高徒，就像我师傅教育我一样，我对我的学生也十分严格。

在教这三批学生的过程中，我还不断总结经验，每届学生毕业后，我都陪着他们在工作中实践一段时间。我想，只要怀着感恩的心，全心投入，才能教出好学生，学生们才会信服老师，大家才能教学相长。

① 特21《中国古塔建筑艺术》（4-2）

② 2006-6《犬》

精髓不改

　　我从一个无知的小姑娘，成长为一位钞票原版雕刻师，虽然力量微薄，但能为国家做出点儿贡献，培养人才，我觉得很自豪。无论对我的学生，还是未来雕刻版事业的发展，我都满怀希望。

　　在我看来，千万不要丢掉手工雕刻技术，即便社会再进步、科技再发展，传统的东西一样有价值，如玉器、铜器、漆器等。手工制作一个漆盒价值上万元，这是艺术；机器大生产则只要一百元，这是商品。大机器生产的东西千篇一律，没有太多艺术文化价值。

　　现在数字技术对雕刻版行业的影响很大。我认为，社会发展的必然要求，要顺其自然，但传统技艺必须传承，别丢了，一百多年形成的技艺经得起历史的考验。从防伪上讲，手工的仿制不出来，但机器的就不好说了。

社会发展需要机械化，但手工技艺也不应该被抛弃，两者并不矛盾。社会需要大批量生产，也还需要手工雕刻的艺术精品，现在人们都追求高品味，追求精品，雕刻版从诞生之日起就是艺术精品。

无论对我，还是对所有从业者来说，雕刻版都是一项值得投入毕生精力的事业。只有认真、敬业，真正热爱这个工作，才能有所成就。

即使退休了，我仍然抱着这样的信念。就像现在我也很少闲着，虽然视力减弱，但我空闲时还在写字、画画儿，反正绝不闲着。能做一点儿是一点儿，不能退休了就什么都不做了，人不能白活这一辈子，生命不能浪费。

人的生命有限，但是你能做的事不见得是有限的。

（冯羽／文字整理）

发现韵律之美　雕刻的绘画性

赵启明　口述

　　雕刻要有韵律，就像音乐要有韵律；点线就像音符，有节奏地伴随韵律，好像交响乐演奏着优美的乐章。我喜欢用音乐的理念去雕刻，去欣赏。

少年美专岁月

　　1943年，我出生在江苏海门，走上美术这条道路，我受到的家庭影响很大。当时我父亲在上海做工，是祖父母带着我。在农村，我的祖父毛笔字写得不错，他就教我，帮我把纸裁好，让我写字。另外，那时农村也散落着民间美术，土灶上画的那个猫啊、鱼啊、莲花什么的民间艺术熏陶着我，不知不觉，我就对美术感兴趣了。后来去报考美专，就是从小喜欢

赵启明先生

写字、画画儿的缘故。在念小学二年级的时候，因为家乡发大水，父亲就把我接到了上海。离开了祖父，没有人教我写字了，我心里蛮失落的，于是我就看马路上商店里挂的招牌。上面各种字体都有，我站在下面久久地揣摩。

从学校里放学回家，我就喜欢看书画画儿。读初中的时候，我交上去的画儿，美术老师基本上都保存着，后来放在学校一个名叫"艺潮"的画廊里展出，一个月换一次。

当时，我的家庭条件很差，因为自然灾害，那时候我们吃不饱饭。可是，我对美术的兴趣依然很浓，我一有空就跑图书馆，到弄堂口借小人书看，一分钱看一本，因为图书是买不起的。

我读的那个十四中学历来重视美术教育。校长跟我说过，以前有18个学生考上各种美术院校。那时候我们学校又创办了师范学校，还办了一个培训老师的美术班。我知道后就跟班主任说："给我个机会吧，我可以帮他们搬课桌椅子，给他们打水，方便他们画水彩。"老师同意了，他很支持我。我在那里向他们学习，有时还当模特儿。后来，我参加区中等学校美术比赛（诗插画），获得了第一名。

再后来，我考上了上海市美术专科学校，当时有3个人报考，结果就录取了我一个人。

兴趣结缘雕刻

1962年，我从上海市美术专科学校毕业，分到国营542厂工作，现在称为上海印钞有限公司。雕刻老师翟英是组长，他说雕刻这是一门艺术加技术的活儿，想学到真功夫需要熬个10年、20年才有雕刻钞票的机会。单说那个运刀的功夫，就要稳、准、狠。

翟英老师教的是基本功，要求很是严格，碰到刻了几刀就离岗闲

冰心先生肖像素描稿

冰心先生肖像雕刻稿

曹禺先生肖像素描稿

曹禺先生肖像雕刻稿

聊的,他就说:"你猢狲的屁股坐不住,非得用胶水粘牢?!"我们还临摹一些装饰图案,练刀功——刻直线就是要笔直,刻曲线拐弯就要弯得很流畅。我们用的钢版叫英钢,六毫米厚度,背面打磨得像同心圆的细纹,正面打磨得很平整光亮。我们还练习针刻腐蚀的技法。

去北京印钞厂参加雕刻任务的时候,我就请教过吴彭越及赵亚云等老师。他们对我的指导非常认真到位,我很感动。回到上海我就抓紧训练。我从美国的钞票上去找规律,找世界上刻得优秀的作品,琢磨其中的艺术性,考虑怎样排线才符合规律又有美感。美国的人像雕刻得最好,其中一位名叫撒威吉的雕刻师,他30年代时雕刻的孙中山像在排列线条上非常讲究结构和艺术性,我感到非常精到。(于是我)拿放大镜揣摩它,临摹它,从中发现了很多规律性的门道。

我只刻了一枚邮票,就是上海浦东开发的纪念邮票,60分面值的外高桥,胶凹套印的。其余是纪念封和明信片一类。我在近50岁时,正逢刘伯承、宋庆龄和毛泽东同志诞辰一百周年,我就针对性地去创作纪念封了。我雕刻了《刘伯承》《毛泽东》;后来自己想再冲刺一下,再努力一把,把艺术境界再提升一下。于是我去找邮品练兵,就是为了能刻好钞票。因此,我把每一幅作品都当作钞票来雕刻。我最

1996-26《上海浦东》T(6-5)

《毛泽东同志诞辰一百周年》邮票首发式纪念

孙中山像（辛亥革命八十周年纪念）

毛泽东像

雕刻作品《战友》

最难忘的一次经历就是，我用半年时间雕刻了人像《孙中山》，得到了吴彭越先生的肯定，这可以算是我人像雕刻的代表作吧。我还雕刻了1936年斯诺为毛主席拍摄的戴红星八角帽的那张像，我用心刻画了他在艰苦岁月中的坚毅神情。

我从事雕刻时会倾注全部精力。早上我提前上班，7点钟就开始工作了，晚上10点以后才回家。雕刻就是要肯刻苦，多思索，这样子才能乐在其中。想提高艺术性并不是神秘莫测、高不可攀的，因为实践出真知，技术怕研究。

大约1978年，北京邮票公司的唐霖坤先生带着姜伟杰和李庆发二位来我厂进行雕刻的交流。那时我刻了一幅《战友》，就是毛泽东与杨开慧像。那天会上，唐先生说这幅《战友》好像有点儿吴彭越的雕刻风格。为什么呢？因为衣服的排线上有点儿像吴先生雕刻的拾圆人民币中"人民大会堂"排线的风格。后来，我和姜伟杰的第二次握手就是前几年在泰山脚下了。

韵律中的雕刻

雕刻工作，只要接触钢版，就应当考虑怎样排点布线的问题，又要考虑怎样把点子线条编织得优美。雕刻，就好比在钢版上画素描，把素描点线化了，用点线来表达素描关系。但是不能简单刻划，不讲究整体的排线趋势，只是凑凑颜色是不行的。雕刻要旋律化，要像音乐那样有旋律感。雕刻艺术是什么？就是富有旋律的点线化素描。

搞雕刻，掌握扎实的素描基本功很重要。说它重要，因为素描是雕刻的基础。后来，我又探究到要谋划"线基"的概念，这是雕刻的重中之重。雕刻，就是用点线去组织色调，再创素描关系；如果心目中的素描观念不强，手腕上刻画素描的技艺不精，在表现的时候就会不知所措，只是凑颜色了。其实，雕刻始终是艺术设计以及使形象不断完美的过程。

我们的雕刻任务一般是采取竞争方式的，比如我雕刻的那个"长江三峡"，就是第五套人民币上面的那个风景，最初是由两个人雕刻的，但最终专家评比，就选中了我这一幅。这一张拾圆人民币，2002年12月30日《中国印钞造币报》上说："在美国夏威夷世界货币会议上，得到了与会各国代表的赞誉，被评为国际上最精美的钞票。"

七十岁寻访海趣

我对研究海趣感兴趣是在20世纪70年代。当时我到北京出差，有位老师傅笑着对我说："你知道吗？我们541厂的那个围墙，是当初一个叫海趣的美国雕刻师骑着毛驴在白纸坊兜了一圈，后来就根据这个毛驴的蹄印为标志砌起来的。"我一听很神奇，是不是真的这样？过去从来没听说过，一个外国人为了给我们砌围墙，还踩个线，

119

赵先生手绘"海趣来华"系列作品8幅

这给我留下了深刻的印象和悬念。后来，541厂的钞票设计专家石大振先生送给我一本关于北京印钞厂厂史的书，我了解了海趣在中国工作6年的事迹：1908年海趣先生来到中国，雕刻了第一枚大清钞票，也就是大清银行兑换券，同时，他还培养了中国第一代钢版雕刻师。可我还想更完整地了解海趣的生平。在我70岁生日的时候，儿子赵橹提出陪我到美国旅游一圈，算是送给我的生日礼物。我们整整旅游了一个月，在美国的东海岸五大城市兜了一大圈，并特地拜访了海趣先生的故乡。

从美国回来后，我就和赵橹一起研究海趣。我们先用两个月的时间写了篇《寻访美国雕刻家海趣先生和故乡》；后来又断断续续用两年半时间写了《海趣先生的雕刻艺术》。这些文章在《中国钱币》《中国印钞造币》和《钱币博览》等刊物上登载了，第一篇文章也在美国的钱币杂志上发表了。我们写的第二篇文章是重点，通过对话，分析研究海趣的作品，具体阐述海趣先生雕刻的艺术性究竟表现在哪里，他对我们后人的启示有哪些。我一面写，一面总结我四十多年的雕刻经验，从专业的角度来赏析他精湛的雕刻艺术。这两篇文章，可以说是姊妹篇了。

赵楷感受的海趣艺术

赵楷 口述

　　说到我对海趣先生的艺术的感受，当然远不如我父亲感受这样深，因为他本来就是从事纸钞雕刻一行的。我萌生研究海趣的想法是受父亲的影响，小时候我就听他说起海趣，那时候只当作一个传闻。后来我对海趣感觉越来越迷恋是在2012年前后，一位叫大卫的美国钱币业内人士来上海，我拜托他帮我们收集海趣先生雕刻生涯的相关资料，他欣然答应了。不久他就从网上发来了很多资料，使我们非常感动。

　　既然父亲这样敬仰海趣先生，在他70岁生日的时候，我就决定陪他去一次美国，作为送给他的生日礼物，其中一项活动就是去拜访海趣故里。因这个地方在离波士顿很远的偏僻山区里，所以我抱着试试看的心理，给多塞特历史博物馆写了一封电子邮件，表达了想参观海趣故居的愿望。没想到很快得到回复，博物馆负责人表示会准备好相

父子传承

寻访海趣

关海趣的材料，欢迎我们的到来。

令人震撼的是，美国多塞特历史博物馆完好保存陈列了一百多年前海趣创作的雕刻和绘画作品，甚至还收藏了他看戏的节目单和用餐的菜谱。

我们能够非常顺利地访问，十分感谢全心全意为我们做义工的陈俊武、Crystal夫妇和赵明明小姐，正是他们不辞辛劳，驱车五百多公里才到达海趣的故乡，使我们零距离通过海趣的作品和周围的环境，感受其精湛的技艺和人格魅力。我深切地感受到他的作品在细腻中也蕴含着潇洒，特别是做衣纹处理，就使用了粗犷的那种刀法；表现人物脸部的肌肉时，把肌肤的弹性都处理得十分到位。这种质感的把握，可见其素描的功底非常深厚。他既大胆，又精微，是真正的雕刻高手。

海趣先生作为一个这么早、一百年前飘洋过海到中国来开启中国钢雕刻凹版技艺的艺术家，我们不应该忘记他，需要寻根溯源地研究他。虽然海趣是晚清政府聘请来的专家，但海趣故去之后，当时民国政府派了两位官员从海上把他的棺材运送回故土，这一点做得还蛮到位的。这是对他的一个尊重，也是中国人尊师重道的传统。

海趣故乡之行，丰富了我对他的印象。海趣有很多创作类型的油画、素描等作品。我感觉这个人开始活起来了，我的脑海里浮现出他曾经居住过的地方，他曾经的工作室，他的墓地……他的个人形象瞬间在我的眼中丰满起来了。我真切地感受和想象着这位雕刻艺术家的成长历程。尽管未曾谋面，但父亲和我依然能通过海趣的作品来了解他。

静立在海趣墓前，早已热泪盈眶的父亲，深深鞠了三个躬，就像怀念自己的一位亲人和朋友。瞬间，时光倒流百年，海趣如在眼前……

（董琪／文字整理）

同气连枝钞邮雕刻家

孔维云　口述

雕刻凹版的钞票和邮票，其原版的创作，都讲究用点、线塑造形象。精美的雕刻线条、传神的艺术形象和景物的千变万化，使雕刻凹版艺术独树一帜。中国传承百年的雕刻凹版艺术，在新时代中，展现

孔维云老师与马荣老师

出现代雕刻凹版新的艺术高度，在其背后，却隐藏着雕刻师们学习、进步与磨炼的艰辛过程。

大院记忆

在童年记忆中，部队大院生活是一切兴趣的蓝本。20世纪六七十年代物质还相对匮乏，想要找到一小块空白纸张，也是一件难事。当时在部队的父亲会订阅一些杂志，杂志封面的背面往往是空白，可以用来涂涂写写，我也就有了最初作画的空间。

提到那个年代，人们的印象中是物质稀少，这当然是实情。但另

一方面，那也是一个学习的时代。很多人都在渴求知识。当时，我喜欢画画儿，一心想去美院学习，但从没想到会从事钞票原版雕刻工作。

到了初中毕业那年，我本想报考美院附中，但因为师资筹备等原因，中央美术学院附中没有招生，错过梦想中的学府显然是个大事。

就在这个当口，转机也出现了。1978年，北京国营541厂（北京印钞有限公司前身）技校美术班招收学生。那一年，我16岁，跟同岁的马荣一同考入541厂技校美术班。同期考进这个班的总共有56人，我当时就一个信念，只要能画画儿就行。

雕版学涯

进入美术班之后，同学们开始系统学习绘画，当时的老师都是印钞厂设计大师，经验丰富，水平高。一转眼，到了1981年美术班毕业，我开始跟随名家吴彭越先生（钢雕刻凹版大师，其父吴锦棠亦为雕刻大师）学习手工风景雕刻凹版。同年3月1日，马荣也开始跟随赵亚云（我国第一位女钞票雕刻家）学习手工装饰雕刻凹版技艺。那时，第四套人民币伍拾圆、壹佰圆券的设计工作刚刚开始，我也有机会学习到人民币设计、雕刻、印制的全部流程，并有机会在绘画上得到来厂搞人民币设计的周令钊先生的指导。当时在完成一个重大任务后，参与人员会合影留念，我现在的工作室中挂的那张合影照片上就有不少那个年代的大师。刚接触到这个行业，就能有一批顶级大师在身边，也是一种幸运。

更幸运的是，1985年，中央美院还专门为我们这些人民币设计、雕刻人员开设了一个特别班。我和马荣也同时考进了中央美院壁画系进修学习，圆了"央美梦"。也是在这个时期，我和马荣开始恋爱了。我们闲暇时常出去写生，现在也经常画一些随笔。我们是做钞

雕刻作品《承德普乐寺》

票造型艺术的，对素材质量需求很高，平时就要留心观察事物内在规律性，才能将写生应用到工作中。

也正因为这种机缘巧合，我们这一代年轻人，有了长时间专业系统的学习条件，也给了中国当代雕刻师能够赶超世界先进水平的机会。即便这个进修班不少同学转行了，但在主要印钞国家里，中国这代雕刻师在数量上依旧是最多的，个人能力上也不落下风。

初识工作

1987年，我和马荣等人结束了央美的学习，回到厂里继续从事人民币原版创作。那时的场景至今还记忆犹新。我们雕刻室里有一张老照片，反映的就是当时我们雕刻的场景。这个场景我们这代人都经历过。在北京印钞厂大楼三层西侧，当时所有雕刻师都是在楼层的北侧即没有太阳直射的一面工作。原因是什么？这样光线就是均匀的，如果有阳光，会使钢版版纹产生很多折射，反而看不清楚雕刻效果了。

在这个工作环境里，雕刻师每天的工作时间，一般来讲都要超过8小时到10小时。由于工作性质，我们要趴在桌子上，长时间不动，非常辛苦。当时，年长的雕刻师有稍微好一点儿的椅子带扶手和靠背，年轻人坐的则是可以螺旋升降的凳子，看着就很累，后背得不到休息，只有往前趴着，才算舒服点儿。

天气也是个大问题，北京的夏天还是很热的，那时没有空调，为了避开高温实行夏令时，遇到任务，晚上工作是家常便饭。

在雕刻室外，市场经济的活力已经开始展现，80年代也是一个转行下海的时代。这种活力也影响到了印钞雕刻师们。这些既有绘画、设计功底，又掌握雕刻、制版技艺的技师炙手可热，同行中有很多人辞职、转行、下海，在别的领域建功立业，同期进入设计室的人已所剩无几。

面对市场收益和自由职业的诱惑，我和马荣等人还是决定留下来。人民币——这个代表国家形象的艺术，已经令我难以放弃。那个时期除了雕刻人民币，我还做了点儿"副业"。人民币更新换代，间隔依旧较长。空出的时间里，我们还要创作中国银行香港钞票和澳门钞票，还要创作一些雕刻艺术作品。尤其是2003年以来，与中国邮政合作雕刻"国家名片"——邮票，又成了我们钞票雕刻师的新使命。

连枝邮票

印钞雕刻师雕刻邮票并不稀奇。1908年，中国雕刻凹版鼻祖——美国雕刻家海趣受清政府邀请来中国主持钞票印制，同时培养中国钢雕刻凹版人才。同行的团队中，他的副手叫格兰特，主要从事邮票版雕刻。那个时候邮票钞票是不分家的，雕版团队自然也是一支。后续师承关系也是同气连枝，不分你我。直到1959年，钞票与邮票印制才独立开来，邮票系统有了独立的雕刻师，合制邮票也中断，但两个单位在技术上一脉相承，互通状态和专业之间，仍然时有合作。

世纪之交，河南邮电印刷厂（全国三家邮票印制企业之一，另外两家为北京邮票厂、沈阳邮电印刷厂）引进了一台新型印刷机，这台印刷机与印钞机功能相似，可以承担印制邮票的任务。因为机器特殊，即便是印制邮票，也需要由印钞行业来制版，我们就形成了与邮政长年的合作关系。当然，这一合作的背后，是两大国字头企业的相互信任和对国家文化、艺术发展方向的认同。所以从2003年一直到现在，我们才会一直做邮票。

这十几年时间至今，我们（和马荣团队）已雕刻了31套邮票，从早期的《毛泽东同志诞生一百一十周年》（2003）、《邓颖超同志诞生一百周年》（2004）、《武强木版年画》（2006）、《中国现代科学家4》（2006）、《绵竹木版年画》（2007）、《颐和园》邮票（2008），还有2016年发行的猴票《丙申年》，到现在的《海棠花》邮票，这个数量是我一点点记录下来的，没有误差。

2016年的这套猴票比较特别，原因在于，它没走河南邮电印刷厂的业务渠道，而是通过邮政集团邮票发行部竞标才得到的，制版印刷是由邮票印制局承担的。第四轮生肖邮票的创作与发行，是中国邮政每年的重点项目。作为第四轮首枚猴票的雕刻者，我们派出了雕刻师参与宣传，亲身感受到广大邮迷的热情。而在丁酉鸡年（2017），我们主动退出竞争。我愿意支持新一代的雕刻师多创作，帮助邮政的年轻雕刻师完成工作，给年轻人更多成长实践的机会。

2003-25《毛泽东同志诞生
一百一十周年》（4-2）

回顾这31套邮票，各界反映还是不错的，获奖也挺多，有全国最佳邮票、最佳印刷、最佳创意奖等。其中《唐诗三百首》邮票荣获了创新奖。这套邮票不是雕刻师雕刻的，而是结合了微缩技术完成的。唐诗三百首都在那上面了，一套邮票就是一本书。只有配合印钞技术和精细的制版技术才能实现，算是一种跨界创新。还有票面香味和点读技术，都比较新颖，为邮票增添了许多有趣味的内容。

钞票雕刻特点之一就是防伪，艺术性也是很重要的。顺理成章，钞票雕刻师在雕刻邮票时，也会受到之前工作的影响，在点线布局上以防伪为基础追求艺术。例如，留白是很常见的一种艺术表现形式，但在钞票雕刻上却很少用到，一般采用布满点线和连续调的方式。因为布满点线更利于防伪，留白会给造假者提供方便（留白处印刷难度小，仿冒成本低）。这样一来，钞票雕刻师雕刻邮票，反而能产生一种独特的风格。

最近，雕刻师马荣又获得了"大国工匠"的称号，上了央视《新闻联播》。这是从国家层面和社会层面，对认真工作精神的一种肯定。

传承互鉴

　　我在主持设计雕刻室工作后，把握专业发展方向，是我内心的坚守。管理团队、传承技艺也是我面临的问题。都说学艺术的人有个性，不太容易相处。在新的设计雕刻室组建后，和谐氛围和专业追求，是我极力推崇的管理目标。所有搞艺术的人，都需要心情愉悦的工作环境，艺术创作的成果才会是美的。

　　在传承和教学上，我的观点是要有系统性加规范性。在80年代，当时老师们在管理和学习方式上，都还带有一些传统观念和风格，学生们很小年纪就开始学雕刻，可塑性强，我入行时只有16岁（海趣入行时18岁）。后来进入的标准是提高了，但带年轻人也出现了新问题，就是新人年龄偏大。现在招年轻人是要求高学历的，要硕士研究生毕业，学历越高，年龄就越大。人生几个重要节点都在青年时期，这给新学员的专业学习增加了难度。

孔维云老师讲述雕刻版历史

另一方面，学院所学的东西没法直接应用到我们的专业上。这就造成了不管你学历多高到我这里还要重新学的局面，从基础开始，我们仍然要安排传统雕刻的学习，让他们用雕刻刀去刻版。可惜的是，对新一代雕刻师来讲，这个过程太过仓促，只是让他们有这个经历，认识体会一下。随后，就进入现代雕刻技法学习——手绘法或者计算机软件雕刻法。

131

因为个人经历和所处时代的区别，我们现在的理论水平和总结雕刻技法的能力很强，我们将所学和实践经验上升为理论，形成了系统的专业教材，有很多的PPT技术讲座、鉴赏讲座、案例分析等。

条件是好了，但新人依赖性也强了。由于现代雕刻形式可以任意修改，新人手头功夫就减弱了，现在很难看到在业余时间还在为工作而苦练的。所以我才感慨，大师不是培训出来的，也不是管理出来的，更不是靠听讲座听出来的，大师一定是发自内心努力奋斗出来的。

2004—2017年，我参加了中国邮政与中国印钞三次技术交流会，与邮票领域专家领导在学术层面上，对邮票雕刻的创作、印制进行探讨、研究和规划。

2017年9月，马荣也承担起一个新的使命。受国际雕刻师学院邀请，前往意大利授课。14世纪，意大利人发明了雕刻金属凹版印刷法；110年前，中国从国外引入了钢雕刻凹版印钞技艺；今天，一位中国女雕刻师又横跨东西，为来自世界各国的专家学者讲述中国的雕刻技艺。这不也是一种传承与互鉴吗？

技术不断进步，时代不断发展，各国钞票和邮票越印越精美。我们雕刻版也从手工时代向电脑时代过渡，防伪也从雕刻防伪走向综合防伪。一方面，精密的制图软件带来了高效，但另一方面也削弱了作品的灵性。怎样在传统和创新中寻找结合点是个时代课题。

　　之前，有几位退休的老先生看到数字化技术的发展，就很担心传统雕刻被中断。有一次，他们回到雕刻室，当老先生们看到现在的发展状态，满满的担心很快变成了惊奇的欣喜。看着工作室陈列的众多传统雕刻和新法雕刻作品，以及传统的雕刻工具、照片、文稿时，他们非常激动。这些物件都是我在闲暇时间收集的，最后形成了一个小小的传统雕刻工作室，十多平方米的房间堪比一个小小的博物馆。人活一辈子，总要留下点儿东西，中国印钞和中国邮政，把这些优秀的雕刻精品以钞票和邮票的形式广泛应用和传播，我们作为创作者，有责任把每一件作品做好，把雕刻技艺传承下去，留与后人。优秀的传统需要传承。

　　传承一种在钞票原版创作历史长河中流淌的精益求精的精神，那更是无价之宝。有人问我，错过了当一名画家有没有遗憾。遗憾是有的，但是，我将绘画和美学思想注入到了钞票和邮票上，艺术传播范围更加广阔，所以我并不后悔。

　　当我打开整列展示柜门时，给老前辈们展示他们曾经使用过的一件件工具，一个个瓶瓶罐罐，钢版混合着油蜡的味道扑面而来，老先生们脱口而出："这是雕刻的味道！"

（王新一／文字整理）

凹"雕"侠侣之马荣，大国工匠中技反哺

马 荣 口述

雕刻凹版最难之处，在于过程不可逆，一刀下去人物神态就变了。所以雕刻时要专心静气，要让周边事物全部消失，进入一种空灵的状态，这样才是一种最佳创作状态。也正是因为这种专注以及对专业的喜爱，才能不断地向雕刻精品靠近。

马荣老师在雕刻

爱美插班生

1962年，我出生在冶金部大院，从小就喜欢做手工和画画儿。小时候做游戏用的沙包，都是我自己配制花布自己缝制的，后来发展到改衣服、改裤子。没想到，儿时的爱好让我遇到了同样有美术天赋的另一半——孔维云，还能让我远赴欧洲去讲学。

我小的时候，大家穿的都是一样的衣服——白衬衫，蓝裤子，最时髦的就属绿色军装。

学校里有个同学家人是华侨，从国外回来的，我觉得他裤子好

看，就琢磨它到底好看在哪儿。后来发现膝盖有点儿瘦，我回去就改，也把膝盖掐瘦一点儿。复杂的手工制作从改裤子开始了。一开始我就想缝两下就行，后来发现它是皱皱的，得给它拆开，剪掉多余的布，然后再缝上，才能服贴。

适逢学校选拔学生到少年宫学习，名额有限，并不是所有人都能去。原本我爱好美术，做事比较认真，母亲是美术老师，应该非我莫属。但母亲为了公平，也为了避嫌，就让其他同学去了。可惜这个同学上到半截就不上了，那个名额就算浪费了，母亲这才让我去。我是半路出家，算个插班生。

到了少年宫，同学们早就互相熟识，我却不认识大家，非常紧张。现在依旧记得，我拿着画板，戳到腿上就开始画，腿紧张得哆嗦，没法画。后来，一个同学将自己的素描画拿下来，往石膏像底下一戳，然后从远处端详。我才知道自己还能随便动，不是死板地坐在那儿。我对这名同学的印象特深，最后考技校的时候，正好他也考上了，我们又成了同学。

考技工学校那年，我15岁，是要参加北京市统考。那个时候企业办学很普遍，特别实用。学习课程直接跟企业需求对应，一个是珐琅厂，一个是541厂。我两个厂都报了，最后被541厂录取了。我跟孔维云进厂的方式差不多。

进入技校，我们有3位老师（崔立朝、陈明光、王大友），美术班的老师都是从厂里的设计室调派出来的专业高手。在学校，上午学高中课程；下午就开始美术训练，练习素描、图案，还练美术字；晚上有自习课。1980年，美术班组织去敦煌写生，历时两个月，西安、临潼、麦积山、敦煌莫高窟，在那么早的时期能接触到中国最灿烂的古代艺术，对我一生的发展影响巨大。

① 马荣老师
② 孔维云老师青年时期采风

情系雕刻

　　学习结束后，我们就被分配到厂里的设计室工作。先在两个部门实习，一个是图案设计部门，一个是手工雕刻部门。

　　我们当时一共有10人学雕刻，5人学图案设计。10个学雕刻的人分成3个组，分配给3个不同的师傅，其中有两个人学文字雕刻，5个人学风景雕刻（孔维云学风景），我和另外两位女生学装饰雕刻。

　　当时师徒协议仍在沿用，带我们的是赵亚云老师，她是新中国第一位女钢雕刻凹版师。在她之后，在我之前，还有一个女雕刻凹版师，叫谭怀英。

装饰的基本功是刀功，也有少量针刻、腐蚀技法；风景的基本功在于针刻、腐蚀。所以我在转型到人像雕刻时，有刀功的基础，就感觉得心应手。

通过一段时间学习之后，孔维云雕刻的风景很突出，我雕刻的装饰也不错，领导就把我们俩从各组里选出来去学习人像雕刻。教我雕刻人像的老师是吴彭越先生，吴老是我国第二代钞票雕刻师，我的师傅赵亚云是第三代雕刻师。吴老退休后，我就跟随宋广增先生继续学习人像雕刻，宋先生既跟吴锦棠先生（吴彭越先生的父亲）学过，也跟吴彭越先生学过。

二位先生的技法有很大区别，我开始跟吴先生学雕刻时，都是直接刻版，很见功夫。而宋先生要求先手绘，他说雕刻一个人像要三个月到半年，这一年最多雕刻两块版，学习的进度也会慢，所以他主张先手绘练习布线。

那时候用铅笔画手绘稿，差不多20天就能画一个人像。我们跟他学，一共画了十来张，一个接一个地画，这样对点线的规律能够更快地掌握。我们这一届的学员，我是参加任务比较多的。我先给师傅打下手，做辅助和试验工作，能较早地接触到工作任务。

没过多长时间，我们就开始独立雕刻，承担一些任务。1983年，单位要出一套年历，一套是13幅。单位组织一拨人去承德采风，这一拨人里就有我和孔维云。

孔维云在现场画素描，为保证景物的光线相同，他连画了两个上午，我们都觉得他很辛苦。回来汇报展览时，他的画儿很显眼，但有一张写生的照片却吸引了我。我们一块去的摄影师，拍摄了大家采风时的情景，孔维云那张工作照特别帅气，很有风度，后来还在电视片里播过。经过那次采风，我就对他有好感了。

那个年代，即使是一块儿上学的同学，一起工作的同事，男生、女生也很少说话，有些难为情。一位师傅很热心，看我们刚来，都年轻，就问我有朋友了吗。一问都说没有，就想给我介绍一个。接着问我想找什么样的。我不好意思说，她就问我："你觉得咱们这里头像谁那样的就行？"我说："就像孔维云那样的。"

结果那位师傅就找他去了，等于给我们俩牵线了，我们俩才敢说话。在当时来说，我们两人家离单位都很远，他家在海淀，我家在东城，所以都申请在厂里住宿，见面机会比较多。那时我们准备考美院，我晚上去火车站写生，画速写，我们两人就可以搭伴儿去了，一边画，一边聊，觉得挺投机的，就好上了。

邮钞写实

我跟孔维云的感情发展并没影响到雕刻学习的进步，反而有所促进。我们互相鼓励，一起考取了中央美院的进修班，当时中央工艺美院和中央美院都有银行委培的进修班。我们先考上了中央工艺美院，因为人员数量限制，不满5年工龄的都撤下，我们又继续报考中央美院。两个月内，我们前后参加了两回考试，结果双双被中央美院录取了。

印钞行业对培训很重视，当时，我们用的绘画材料可以回单位去领，但美院的学生都得自己花钱买。我们不但材料免费，还带着工资，两年脱产学习收获很大。

经过两年的艺术深造，毕业后我们又回到工作岗位上，开始接手钞票原版雕刻的任务。钞票的雕刻风格讲求写实，我追求的也极致写实，在保证印刷工艺允许的情况下，能多精细就多精细。后来，第五套人民币上的主席像就是写实风格的重要体现。

与此同时，我们还要承担纪念钞、人民币改版等工作，还有一些援外任务。一些国家没有自己的雕刻师，也没有印钞技术，中国就以援助形式帮它们设计、雕刻钞票。我们的工作经常处于繁忙状态。

更有意思的是，我还参与了许多邮票的雕刻创作。钞票、邮票系出同源，邮票在表现内容上更加丰富灵活。让我记忆犹新的是，2016年黄永玉先生再次出山设计《丙申年》猴票，我负责雕刻第二枚。

黄老的原画里3只猴子细节变化很讲究，考虑最终印制效果，我突出了3只猴的轮廓。大猴的轮廓线比较粗壮，小猴的轮廓线则比较顺滑。黄老的原画表面上看起来是对称的，但实际上并非如此，他运用的是均衡的手法。细节中，大猴抱两只小猴的手形不同，两只小猴的耳朵、眼睛、手、脚、姿态都不一样。所以，我雕刻时也延续了原画的风格，用雕刻点线进一步丰富了画面的效果。

跟邮政的合作，从2003年《毛泽东同志诞生一百一十周年》那套邮票开始，我总共雕刻了18枚邮票。邮票和钞票版面大小有别，我们的重视程度是一样的，都是一丝不苟。根据画面表现需要，我们发现邮票可以有不同的雕刻风格，但同样都是一个很复杂的创作过程，小不代表简单，在精致的版面中仍然可以雕刻得十分精彩。

2016-1《丙申年》（局部）

2003-25《毛泽东同志诞生一百一十周年》J（4-1）

2013-3《毛泽东"向雷锋同志学习"题词发表五十周年》J（4-4）

中技西渐

2017年3月，国际钞票设计师协会（IBDA）和国际钞票雕刻师学院（IEA），在意大利的乌尔比诺国际钞票雕刻师学院举办了为期4天的"中国钞票主题周"和为期两周的"中国钞票雕刻凹版艺术家马荣作品展"，随后开展了近两个月的国际雕刻教学。IBDA和IEA授予了我"凹印雕刻终身成就奖"。

一百多年前，钞票的钢雕刻凹版技艺和印刷工艺由美国传入中国。如今，除了在国内带学生、传承这门技艺外，我也承担了给西方人传授这门技艺的重任。雕刻技法在国际上都是共通的，没有太大区别，主要在表现题材、表现主题上面有差异，我们的雕刻风格更有中华民族文化的特征，因此，在国际上受到重视。

令人唏嘘的是，西方近现代雕刻凹版的发源地，这门技艺的传承面临危机。中国的雕刻凹版师一代代传承很连贯，规模也大，而欧洲很多国家仅有一两名雕刻师，甚至没有，传承体系出现断层。最近我去教学，学生都跟我说，我们没有这么系统的课程，也没有老师手把手的传授。中国雕刻凹版师受邀到欧洲讲学，这也是中国雕刻师对他们的一种反哺吧。

现在年轻人的想法很多，接触面广，有自己的主张。有时候，他们觉得传统雕刻技法太老、太难，想改变，着急变，还没学到传统的东西就求变。经过系统的学习后，他们才能发现传统雕刻的真谛在哪里，才能深入地思考创新问题。一开始不太理解传统雕刻的奥妙，很多人认为雕刻就是用点线画一幅画。其实钞票和邮票雕刻有自己独特的艺术规律，这种独特性正是雕刻凹版艺术应用在钞票和邮票上的价值所在。想创新，等到学进去以后就会知道，真功夫在传统雕刻里。

2017年意大利"中国钞票雕刻凹版艺术家马荣作品展"开幕式

国外专业刊物关于马荣老师的报道

还有的年轻人一下子就喜欢上了雕刻，马上就投入进去了，就爱上它了。喜欢雕刻就会进步很快，勤奋成为自觉，就不用督促。年轻人现在都思想活跃，也聪明，对雕刻版技艺的掌握让我很满意。

有些刚学雕刻的年轻人，以为刻不准影响不会太大，以为在下一道工序上还能弥补过来。其实，以微米计算的雕刻线条，有一点儿不准，就会在那么小的画面中，成为被放大的缺陷，不准的就落在那儿了，再往后就是不准上再加不准。雕刻师要认识到，每一个环节都不能懈怠，希望不能寄托在下一道工序上，希望就在手中的雕刻刀上。

（李云蝶／文字整理）

第五章

邮票雕刻家

跌宕邮票生涯

孙经涌　口述

清末，国内没有钢雕刻凹版技艺，要学习雕刻通常得"留洋"，或者请外国人来教。民国时期，中央印刷厂还将学生送往美国学习。美国雕刻采用的是钢版，即现在常用的版。而中华书局则派人去日本学习，日本当时主要采用铜版。

孙经涌先生和夫人早年都来自印钞单位

这段历史，就是中国雕刻版邮票技术的开端，也是我与邮票结缘之处。

缘起印钞

虽然在北京工作生活了几十年，我的江浙口音还保留着，这是出生地留给我的烙印。1932年，我出生于浙江奉化，父亲是茶叶行的业务员。因家中还有一个妹妹，四口人生活虽然不用愁，但也不富裕。

1947年的中国，时局未定，人心惶惶。学门手艺、养家糊口是当时每户人家对儿子最大的期望。因此，当年15岁的我，被家人托了关系带去上海，准备学门手艺，将来成家立业。

当时的介绍人说学习印钞有前途，就把我引进了上海大东书局，让我跟着师傅学雕刻。

那时，国民政府管理经济不当，通货膨胀严重，甚至于政府部门今天印好的钞票明天就会贬值，这让政府印钞部门压力倍增。

无奈之下，国民政府竟将部分印钞任务转移给上海的中华书局和大东书局。所以，几家书局里有雕刻师并不奇怪。

而在当时，除了印刻钞票与邮票，雕刻师没有其他工作可做，数量自然稀少。因此，没有专门的学校培训雕刻，都是靠着师傅将技艺教授给徒弟的传统延续下去。那时的大东书局，共有4位雕刻师，其中，我的启蒙老师孔绍惠先生任小组组长。

孔绍惠先生此前也在中华书局学艺，这与中国最初的雕刻流派有关。最初，中国的雕刻师共有两个分支，分别来自中华书局和中央印制厂（即后来的541、542印刷厂）。两个分支各自培养了一批雕刻师，学派和风格都不相同。

大东书局最初是没有雕刻师的，孔绍惠先生与其他3位先生都是从中华书局转来的。在雕刻风格上，孔老师习惯使用铜版。因此后来开始雕刻邮票时，孔老师不得不重新学习钢版雕刻的技艺。因为铜版与钢版的雕刻方式与处理过程并非一致。

在雕刻方式上，由于硬度不同，铜版通常使用针腐蚀的方式；钢版则是通过刀刻的方式。

在处理方式上，钢版的处理方式与目前如出一辙，即刻完后淬火，随后过轴。但铜版因为硬度较低，处理过程相对而言更加复杂。

虽然材质较软的铜版更易雕刻，但是雕刻结束后需要靠电镀加强硬度，那时称为"镀铬"，得电镀后再过轴。

师生情谊

对于雕刻，我小时候并无概念，只觉得找到了一份不错的工作。拜师后，孔老师先教我学习画画儿，后教我如何刻版。那时候几乎没有理论知识，都是通过实践来掌握技艺，出师也比较快，两年后就基本学成了（和现在的雕刻师学习相比，孙老师的两年学徒生涯很短。目前的雕刻师培训需要5到6年的学习才开始参与雕刻版）。从实践中，慢慢积累经验。

孔老师为人并不严苛，出于兴趣，我总是向他讨教，而他也倾囊而授。他从刻字开始教授，随后再刻风景、花儿、花瓶，根据难易逐渐递进。

从技术角度看，雕刻钞票和雕刻邮票之间并无区别，都是根据设计者的图案进行雕刻，雕刻者的首要任务就是将图案刻画得惟妙惟肖。

当时的雕刻师，由于高压的印钞工作，每个人都能将一副图案全部雕刻出来。这就需要很高的功力，也表示雕刻师具备了所需的素养。

全能和高效，意味着专注和沉静。对于一个雕刻师而言，"坐得住"是成功的秘诀。

"周到"一词也很重要，在下刀之前，必须想好布局，因为雕刻版一刀定终生，错了没法重来。

眼力对于雕刻也颇为关键，古典雕刻都是用手持的放大镜完成。当时只有单筒放大镜，放大倍数约为五六倍。而今天，放大镜已经达到40倍，所以当时对于雕刻者的视力要求很高。

时代洪流

1949年新中国成立了，大东书局也不再印钞。当了两年学徒的我，生活在变好，但唯一可惜的是，学了两年的技术没能用上我就转为行政职员了。在大东书局的行政工作，一做就是五六年，没有拿起刻刀期间，我和孔老师也常通过书信联系。

但在那个年代，时代的洪流给了当时年轻人更多的可能性。

在抗美援朝时期，国家号召全国的青年工人、青年学生参加军事干部学校，我也加入了装甲兵，在北京驻扎了半年后回到上海。

解放改变了很多人的命运。比如我，从一个学徒变成了新中国第一代邮票雕刻师。

这个机缘，缘于中国邮政领导对雕刻事业的重视。1958年那个时候，全国都在进行上山下乡运动，很少人能留在北京。在那个节点上，我能从外地调入北京，可见我被重视的程度。

同时，单位给予雕刻师的福利待遇很高。孔老师当时工资为240块，那时平均水平才30块。要知道，当时局长每个月的收入是140块，孔老师收入比局长高了将近一倍。雕刻室唐老师的月工资是150块，也很高。从收入上，就可以看到国家很重视这批人才。

从住房条件看，雕刻师也高于一般人。刚到北京，我就分配到了白广路的房子，两家一户，公用洗手间和厨房。房子比较高，墙也特别厚，称得上冬暖夏凉。

不过，时代的洪流很快又改变了我们的生活轨迹。1966年，邮票发行局撤销，局里的同事全部下放湖北阳新，进入干校进行劳作。劳动非常辛苦，我每天回家累得都想不起邮票雕刻的事儿了。从1966年到1968年，大家在湖北一待就是两年。

特29 《航空体育运动》
孙经涌先生雕刻（4-1）

　　令人意外的是，我因为长期伏案工作的各种疾病"被劳动治好"了。我的爱人过去一直有胃病，食量很小，一直令人担忧。但进入干校后，她每顿饭都能吃下一碗米饭。1972年回北京时，她的胃病也好了。

北上雕刻

　　早在中华书局，孔绍惠和唐德年老师是同门师兄弟，唐老师为师兄，孔老师是师傅沈逢吉的关门弟子，年龄也最小。沈逢吉老先生可以称作是中华雕刻的一代宗师。

　　新中国成立后，早期的邮票都是雕刻版，多数为541的雕刻师所刻。但由于541厂的性质需要保密，无法进行对外宣传，同时生产力也跟不上社会的大量需求，这与邮票需要宣传的性质相背离。为此，邮电部组建了专业的邮票雕刻部门。

　　孔老师当时在上海，邮电部随后聘请他为部门的第一位雕刻师。而由于孔老师之前在印钞期间所学均为铜版雕刻，而雕刻版邮票需要钢版雕刻，因此孔老师在进京之前，特地去542厂专门学习钢版雕刻。

　　他的师兄唐霖坤听说邮电部组建了雕刻部门，于是请孔老师介绍，也去邮电部雕刻部门工作了。

　　从1949年一直到1958年，都是雕刻版邮票的天下，因为当时还没有影写版。所以，当时的任务很重，每年至少雕刻十套邮票，所以一部分由两位先生雕刻，541厂也承担一部分工作。

　　正因为雕刻师不足，1958年孔老师将我调入北京。但工作量依然无法完成，同一年，541厂的高品璋和孙鸿年也调了过来。邮电部第一代雕刻室的阵容终于组成。到了1962年，人手齐备，所有的雕刻版邮票都由雕刻室承担。

即使当时任务繁重，却也井然有序。这一切，都归功于孔老师的组织有方。作为雕刻室的组长，孔老师分配任务时会根据每个人手上的工作量进行分配，风格上也会尽量通过大家协商统一风格。关于药水等工具的托管，也由孔老师负责。因为药水有腐蚀性，同时需要按比例配置，一旦出问题就会耽误工作。孔老师在这方面非常认真，所以不会出现任何差错。如果他暂时离开，也会在离开之前指定某一个人负责。

名家印象

说到早年间的这几位老师，都令人印象深刻。在当时，所有的雕刻师都是从学徒起步，经验都是从实践中逐渐积累起来的。

最令人记忆犹新的，是他们的认真负责。每位老师，都把事业看得极其重要。把雕刻版邮票做好，是他们一直以来的想法，并且他们一直很坚持。

直到现在，我还清晰地记得几位老师的相貌。唐老师个子不高，人很精神。我的老师孔绍惠和孙鸿年个子较高，性格也颇为相似，都比较安静。几人之中，高品璋更活泼一些。

在雕刻风格上，唐老师的作品通常比较有力量，而我师父则比较细腻。

在这一代雕刻大师中，唐老师可以用"另类"来形容。他除了雕刻技艺精湛之外，还喜欢各种"发明"。他有三大发明，称为原子粮、防氢弹的钢铁和"长生能"。这些发明，只有理论，没有实物。

为了能为国防出一点儿力，他不断地给国务院写信，想上报国家。

一切都变化得太快，数十年间，几位老先生先后故去，办公地点也从王府井搬到了现在的牛街。还记得当时我们在王府井的一座红楼里办公，雕刻室拥有红楼里光线最佳、紧邻马路的一个办公室。办公室四面几乎都有窗户，所有的雕刻师都能享受到最佳的光线。

那个年代，虽然条件有限，但是邮政局出于重视，给雕刻师提供了最好的条件。每位雕刻师的雕刻台都是专门订做的，雕刻过程中使用的放大镜都配备了小托，便于置放。而采用的钢版，也是从美国专门进口的。

但是，病痛是雕刻师的天敌。在1961年，我因为身体原因离开了雕刻室。

离开雕刻室，是我最遗憾的事。

算起来，我与雕刻版邮票的直接缘分，其实只有短短4年时间。从1958年我调入北京成为雕刻室的一员，到1961年因为身体原因离开雕刻室，改做行政工作，我大概雕刻了四到五张邮票。

我的第一个作品，就是纪55《全国工业交通展览会》。在大东书局当学徒时，虽然练了两年手艺，却没有自己的作品。后来总算有自己的作品了，所以我特别兴奋。

要说我的雕刻风格，我认为自己没有雕刻风格，将设计者的初衷展现出来就是我的工作，我自己没有办法决定风格。雕刻，意味着将设计师当初描摹的线条用刀具勾勒出来，于深浅之中见真章。

雕刻跨界

美术在雕刻版邮票中扮演着相当重要的角色。当雕刻室成立之初，孙传哲先生是当时的设计室主任，当时的底稿都由他负责。布

152

① 特29《航空体育运动》中《模型滑翔机》
　原版签样（中国邮政邮票博物馆藏）
② 纪55《全国工业交通展览会》（3-1）
③ 特39《苏联月球火箭及行星际站》（2-2）

线、绘画都是他一手包办。

153

孙传哲先生毕业于民国时期的中央美院，虽然没有学习过版画，但是他就是根据木版画的风格进行绘画的。他也是我国最早的平面设计家。早年他在上海做广告公司的美工，邮电部去上海寻找设计师，机缘巧合之下找到他，并让他负责建立起了设计室。后来设计室从全国各地的美院里招聘大学生，培养第一批学生。

设计图案方面，早年间分为名家设计和设计室设计。当时邮电部向名家约稿比较频繁，比如周令钊、黄永玉都与雕刻组合作过。向名家约稿不用比稿，但在邮政局设计室内部是需要比稿的。当时设计内容还需要分配，即选题确定后就向设计师进行选题分配。雕刻师并不参与设计，仅负责雕刻。

虽然不在雕刻室，我却一直关心着雕刻技术的传承。离开雕刻室后，唐先生和孔先生也因为身体原因相继离世，那时雕刻室只剩下高品璋和孙鸿年，培养新人成为刻不容缓的任务。我作为设计室主任，在内部选择了姜伟杰、李庆发和赵顺义这三个人，他们之前都是发行局的职工。

虽然他们当时是普通工人，但他们都很喜欢画画儿，而且他们都非常年轻，有很强的可塑性，我选人的标准以有美术特长为标准。随后，我又在招工进来的第一批年轻人中，选择了三个学生。

第一代雕刻师一般不参与设计，一直是我们的一种遗憾。1972年，在我成为设计室主任后，我赞成雕刻师参与设计，并让姜伟杰、李庆发开始参与设计邮票。但引起了单位一些人的反对。设计师提出，他们不是美院毕业，如何设计邮票？但我了解雕刻师们的功底，因此，在设计铁路邮票时，我专门让李庆发和姜伟杰出门体验了一个月的铁路生活，写生回来后进行设计，结果第一套设计方案就中选了。他们的成功证明了我的想法是正确的。雕刻虽然不涉及色彩，但绘画功底深厚，雕刻师怎么不能参与设计呢？

重视培养雕刻接班人，也算是我离开雕刻室后为雕刻版邮票做出的一点儿贡献吧。

（陆涵之／文字整理）

不信己之赵顺义

赵顺义 口述

我们国家雕刻技艺起步晚，起初承袭的是英美派，但中国文化复杂而多样，经过一代一代雕刻师的传承和发展，很快赋予了我们与其他文化不一样的味道。

我的老师是中国第二代邮票雕刻家高品璋和孙鸿年。高老师雕刻风景出身，习惯用针然后腐蚀；孙老师则刀功极强，刻出的每一刀都

赵顺义老师

干净利索。从雕刻工具、技艺，到腐蚀药水配方，代际间师徒相承，才让雕刻技术得以延续。

从事雕刻的基础使我考上了大学，而雕刻版给我的人生带来最大的影响就是"严谨"。即便后来从事了文字工作，我也只信奉一句话：不要相信任何人，包括自己。

雕刻室渊源

雕刻室恢复于一个特殊的年代。20世纪60年代末，军管会（北京邮票厂革命委员会）决定要从邮票厂挑选三个人，一个学开车，两

① 青年时期工作的赵顺义老师
② 早期邮票雕刻工作室

个学雕刻，学员由当时设计室的一个组长张克让来定。

那时候，邮票厂按照军队编制，一共有4个连，一个连队一百多人。其中，一连是尖刀连，不能动；二连是铅印连，出了一个人学开车，当时老司机岁数大了，准备培养一个年轻司机，这就是韩德华，一米八五的大个儿，跟姜伟杰同班；三连是胶印车间，就是我们这儿；还有一个是维修连。

四十多年前，是个讲政治的年代。那时候想进雕刻室，绝非易事，首先出身要好，政治表现也得积极。我在从事雕刻之前就已经是入党积极分子，政治上要求进步，所以相对顺利。我们这拨进雕刻室的人里，我是最早的，1970年就进来学习了。第二年，李庆发也进来了。1973年，姜伟杰从学设计转到学雕刻。到了1975年年底，阎斌武和呼振源一块来了，雕刻五兄弟这时候就算凑齐了。

其实在那之前，我并不了解雕刻，只是在我们的车间里画黑板报，还办大专栏，算是有点儿美术底子。

第一个给我讲授雕刻的是董纯奇，他说雕刻就是用点和线组成一个画面。我那时候没什么感觉，等进了这个门才开始接触画画儿。我的第一个老师是央美的李大玮。

后来，我咬牙买了个三块五的叶筋笔，相当于十分之一的工资，那时候一个月工资才35块钱，现在买一支笔要五六十块钱，但除以平均工资还是比当时便宜不少。

我是先从国画入手的，记得当时临摹的画册里第一张是个女护士。后来许彦博来了，他的素描功底很深，我就跟随他学习素描。再之后就是师从张克让先生，也正是从那时起，我开始真正学习如何画石膏。

为了练习画素描，我们就找厂里的职工做模特，报酬就是画完之后模特认为哪张好，人家要，你就必须给人家。像叶武林他们画的都是油画，他就说："我画的这张不给你，我重给您画一张。"

除此之外，我们每周还要参加一天劳动，上机印刷，当印刷工人，上轴、调规矩都得会。后来因为每星期四邮票厂放假停电，我们就改成了业务学习。

那时候"招收"都叫"带徒弟"，不叫"招收"，我们作为第三代邮票雕刻师，师从第二代雕刻家高品璋和孙鸿年老师。

而他们这一代邮票雕刻家中还有两位，雕刻室里手最小的唐霖坤老师，因为身体不好，早在60年代就去世了，雕刻室最小的一把刻刀就传到了第三代雕刻师董琪的手上；另一位孔绍惠老师，在雕刻室里个子最高，一米八几，手最大，在1968年下班之前，有一次打扫卫生时突发脑溢血，也去世了。

起初，印钞厂的雕刻室规定很严格，雕刻跟设计是分开的，雕刻师不参与设计。即便是雕刻，也分了几个专业：刻人像的不能刻风景，刻风景的不能刻文字，刻文字、装饰的也不能刻其他。这是出于防伪的考虑。

我见证了我们邮政从恢复雕刻室开始的全部发展历程，我的生命和生活，也从此与雕刻绑在了一起。

"慢就是快"

20世纪七八十年代，我在雕刻室那会儿，白天不但要坐班，还要参加政治学习，特别热闹。那时候雕刻室里没有空调，白天太阳一晒，屋里又闷又热，手心不停地出汗。因为左手要扶着钢版，为了防止钢版长锈，我们时不时就得往手上涂油，让机油把手上汗腺都封住了。

困难不止这些，在右手刻的时候，左手除了要扶版，还要时不时擦一擦、蹭一蹭，有时候三棱刮刀没把钢屑儿挑干净，一不小心就把手拉个口儿。有时候拉的比较浅，到休息时才发现，哪来那么多道儿啊？

那时候，白天干不完的活儿就得在夜里干。我就住在北院，离雕刻室非常近，等于是两个楼之间。

我白天把孩子送进托儿所，从西门进去，东门出去就是食堂，吃完饭上楼，连脱鞋都省了。因为夜里八点半以后，太阳落山了，把孩子也哄睡着了，我就回到办公室里接着刻。夜里干活儿踏实，没人打扰，我有时候从晚上八点半干到凌晨两点半、三点半。那段时间里，我一共刻了12块钢板。我几乎大部分刻版都是在夜里，白天就去打样。

一开始，打样不像现在，自己一个人去就可以。当时规定，必须要有包括雕刻师本人在内的三个人同时见证才能打样，打完样还要登记，这些都是为了相互监督。打样的工具也跟现在不同。现在用的类似千斤顶；我们那时候用的是很重的滚轮式打样机，操作不便。

打样并非印制邮票的最后一步。在我雕刻的邮票里，从设计到成

赵顺义老师邮票雕刻作品

品，时间最短的是猪票，因为好多线腐蚀比较深，修一修就可以，大概二十七八天就完成了；也有复杂的，时间最长的是那个青铜器的兽面纹类，不仅线条多、文字也多，我足足刻了三个多月。

当时，高品璋老师给我们几个讲授的时候，说学雕刻千万不要着急，尤其是刚学的时候，不能恨不得一刀刻一个大深沟出来，这样不对。刀子下去一旦重了，刀尖就崩了，所以必须轻轻地刻。而且，刀子磨得越快，越要慢慢地刻，等到刻了一段时间，磨钝了之后再用力，反而崩不了。

他尤其强调了一个词——"慢就是快"，这是一个辨证关系。你快了，突突突一气刻完再跑两刀，还要回过头修它，反倒慢了。你慢慢地，一刀一刀脚踏实地认准它，稳推刀，慢慢刻，你就能掌握它的分寸，反倒完成得比较快。人生也是如此，所谓慢工出细活儿，欲速则不达，讲的都是这个道理。

两进两出

从1970年进雕刻室，到1976年正式调出，我一共学了6年，刻了6年。后来赶上"三结合"，碰上要突出政治、领导班子年轻化等这一档子事儿，就把我给裹挟进去了，给我贴了一脸的标签——团总支书记、工会委员、政治处副主任，唯一就没当成妇女主任。这在一般人看起来可能是好事，但我心里一直惦记着邮票雕刻。1979年6月，邮电部决定成立中国集邮总公司，我立刻申请调回。就这样，我成了雕刻组的副组长。在此之前，雕刻组没有组长，由设计室主任直接领导。

这背后还有一段很重要的历史。中国集邮总公司的前身是邮票发行局，1979年6月以前，邮票发行局就是一个处级局，最高领导就是13级正处，后来成立了中国集邮总公司，带了个"总"字，顺势就提成了正局级，设计室也从原来的科级提成了处级。

而邮票厂作为中国邮票总公司的直属单位，一直是处级，直到成立京外两厂——河南厂和沈阳厂以后，出现了生产统一调配的问题。这时候陈文奇提议说，如果要管外厂，处级的身份不太合适，跟管局说不上话。这样就提升到了副局级，邮票印制局这才出现了。

再说回设计室，此时设计室下成立了设计组、摄影组、雕刻组3个小组，我在雕刻组副组长的位置上，一干又是6年。直到1985年体制改革，成立了总设计室，此时也出现了一些矛盾。

当时，由于我们雕刻室承担了不少的设计任务，导致设计室和雕刻室出现一些分歧，尽管我们设计或编辑了不少邮票，但并不署名，直接署原作者的名。

但好在那个年代很好，大家对名利没有什么要求，就是互相帮助，就连谁来刻什么，都是按个人的工作时间、工作量自然排下来，谁有时间谁去做。

当年猴票（《庚申年》）任务来的时候，我正在刻《植树造林》，我们四个人刻，高老师在干别的，就剩呼振源和姜伟杰手里没活儿。因为姜伟杰干活儿细，邵柏林就指派他来刻。当时邵柏林还提出来一个让雕刻师无法实现的要求：你能不能把黄永玉画中墨的笔触刻出来？

那怎么刻呀，水墨画里的墨迹是个面，相当于染的，是用毛笔随便涂的，但雕刻是点和线组成的，刻出来以后这就乱了。

但那时候的各种问题，还只限于技术领域，没有人去追名逐利、争争抢抢，那样纯粹的年代，现在回头想想，还真是怀念。

再之后，1985年7月，中国邮票博物馆正式成立，时任中国邮票总公司邮票设计室主任的孙少颖任第一任馆长，我就成了博物馆的首任"展览陈列部主任"，比原来的副科长级别还提了半格。但我心里一直放不下雕刻，90年代初的时候还一度想回来。

当时正逢《五岳》出版一本附光盘的册子，我专程陪同拍一个宣传片，结果回来一看，打样机锈迹斑斑，缩小机也不成样子，这一块疤癞、那一块疤癞，没人擦它。要知道，从前只要是我在，总要给它抹油、做清洁，保养得好好儿的。这一看，我感觉特别失落。

消亡与留存

当下邮票正处在大变革时期，雕刻版正在走向消亡。如今，雕刻师不再刻版，改成钢笔画线了，这充其量只能算作高级绘图师，刀锋的韵味儿没有了。

老的印刷工艺也在消逝，当年印"猴票"的机器都拆了，1985年修版的工人全都下岗或转岗了，影写变成了电雕，过版改成了激光雕刻，手工雕刻版彻底被机器取代之后，雕刻版就有名无实了。

当所有工艺全部数控化之后，数据一旦被黑客侵入，一切都变成了可复制的，雕刻版邮票连最显著的"防伪性"也不复存在。但也正因如此，才凸显了目前存留手工雕刻版邮票的宝贵。邮票雕刻会消失，但是集藏不会消失，手工雕刻版的邮票将成为不可复制的收藏品。

因此，"鉴伪"也成了非常重要的工作。因为我从事过雕刻版的工作，国家防伪协会聘我做了防伪技术专家，公安大学也邀请我去讲课。古老的钢版雕刻技术发展到今天经久不衰，最主要是因为防伪功能极强。举个例子，美国数码印刷技术比中国要早很多，但到现在美元还是手工雕刻，这是因为即便仿制者想通过照相技术完全复制出来，细小的雕刻花纹也重合不了。

目前印刷分为四大类：凸、平、凹、孔。其中，凸就是铅印；平，属于胶印；雕刻版属于凹版印刷；影写版就是照相腐蚀凹版，又分为电子雕刻的影写版、激光雕刻的影写版、激光雕刻的雕刻版、手工雕刻的雕刻版、电子束雕刻版，一共五大类。

早期，欧洲金属凹板是作为花纹和装饰刻在盔甲上的，完全服务于贵族、皇家，后来才普及到普通百姓和其他行业。德国著名画家、版画家及木版画设计家丢勒的父亲就是制作金银首饰的匠人。现在市面上，有用凸版仿雕刻版的，即便线的颜色一样，版纹依然不一样。按照司法部的文件鉴定规范里的描述，它叫"显微形态特征不同"——在显微镜下看它的形态特征不一样。

以猴票（《庚申年》）为例，铅印的东西边上带有纹儿，有挤墨现象；雕刻则是突起的，花纹浮在上面，一拢一拢的，区别很明显。而如果用胶印仿雕刻线，会出现很多小黑点，不是线。当然，也有用纯的单线、实线的胶印、平印，但它是平的；而雕刻是鼓的，也能分辨出来。即便用影写版来仿雕刻版，深度也没那么深，所以雕刻版具有独特的"防伪"的一面。

当然，与"防伪"相比，随着时间的流逝，邮票如何保存保管，将是个更难的课题。因为大多数邮票都是纸质，纸张纤维最怕的就是碳酸。空气中，人呼出的二氧化碳带着水汽，处处充满了碳酸，纸张放久了就会发黄，纤维超过300年就要断裂，所以邮票的留存是个问题。1840年世界上最早的那枚"黑便士"，也没存留到200年。但我相信，这些都不是什么大问题，因为，历史已经存在了。

（李云蝶／文字整理）

我追求的"苦"与乐

呼振源　口述

我是1954年在北京出生的，老家是山东省蓬莱县。1973年高中毕业后，我响应毛主席知识青年上山下乡的伟大号召，去了北京市大兴县大辛庄公社新升大队插队。

呼振源老师

初识雕版

一年零八个月后，我们这批知青陆续被各种单位招工返城。1975年底，邮电部邮票发行局到我们公社招了10名职工，我有幸成为其中一员。来到单位报到的第一天，人事部门的负责人告诉我们要参加培训班，没有分配我们具体工作。半个月的学习培训，使我对邮票有了初步的了解，我也最终被分配到邮票设计室学习邮票原版雕刻技艺。

那时，我国从事专业邮票原版雕刻的一共有5人，有著名邮票雕刻家高品璋、孙鸿年先生，还有正在学习邮票原版雕刻的3名学生。学习邮票原版雕刻都是师传，当时我国没有一所邮票原版雕刻专科学校。

学习原版雕刻是一个漫长的过程，从开始学，到能够独立完成邮票原版雕刻任务需要8~10年的时间。根据当时的邮票原版雕刻数量和雕刻原版人员状况，亟需培养新生力量。

单位领导安排我师从高品璋老师学习原版雕刻技艺。直到如今，我还清晰记得高老师语重心长对我说的第一句话："学习雕刻是很苦的，要对它感兴趣，还要坐得住，不能急躁，慢就是快。"高老师还拿了一些雕刻原版邮票给我讲述雕刻版邮票的特点。通过放大镜，我第一次看到了这个奇妙的微观世界：邮票上的人物、风景、动物等精美图案栩栩如生，活灵活现，使我对学习邮票原版雕刻产生了浓厚的兴趣。

学习邮票原版雕刻，我是从勾玻璃纸开始的。用钢针在玻璃纸上勾出所要雕刻的图案，这个看似简单的动作，实际操作起来却是困难重重。勾刻过程中，用针勾和用笔的用劲感受完全不同——劲小了勾不上，劲大了勾的线条很不光滑。经过一年多的反复练习，我终于可以用光滑的线条准确地勾出雕刻图案了。这时，高品璋老师开始安排我进入学习钢版雕刻阶段。

邮票原版雕刻是用钢刀在钢版上借助放大镜雕刻出所要表现的图案。我开始进行钢版雕刻的图案是几组不同密度的直线。初次使用雕刻刀在钢版上刻直线，我用放大镜的视觉看线条不习惯，握刀也不稳，不是走偏，就是跑刀。高老师说："这是基本功，只有把雕刻刀用稳了，才能雕刻出你想要表达的点线。"

由于长时间总刻直线，我一时产生了急躁情绪，怀疑自己能不能坚持下去，也理解了高老师为什么说学习雕刻很苦的原因了。由于自己对学习雕刻的喜好，最终使我坚持了下来。

在进行邮票图案临摹和简单图案雕刻阶段，通过反复的磨炼，我掌握了雕刻刀的基本功，也能用点线排列刻出图案了。但是，随着学习的深入，我感觉到要想把图案刻好，绘画功底很重要，必须提高自己的绘画水平，才能达到雕刻邮票图案工作的需要。

于是，我在学习邮票原版雕刻的同时，利用一切业余时间学习绘画：下班后画素描、有时到火车站画速写、休息时到公园写生、平时向同室的老师们请教……这些学习过程都在潜移默化中慢慢提高了我的绘画水平。付出总有回报：我的油画作品《驼铃》入选全国邮电职工美展；铜版画《石柱》《锄草》《古柏回音》《求知》分别3次入选北京青年美展；铜版画《北京风光》入选大好河山美展；铜版画《回归》入选新中国成立35周年美展，这些画作都在中国美术馆中展出。绘画水平的提高，也为我今后的邮票原版雕刻打下了坚实的基础。

师徒情愫

从1981年起，我正式开始了邮票原版雕刻创作。当时的兴奋心情溢于言表。长达6年刀针基本功的训练，临摹了十余次的中外雕刻版邮票后，我终于可以雕刻正式的邮票原版了。

我雕刻的第一块邮票雕刻原版是普21《祖国风光》普通邮票第三图《泰山》。雕刻版邮票是由点线排列组织画面，根据不同邮票图案的内容，用不同的点线排列表现出邮票图稿所要表现的质感、空间感和体面关系。线条排列的是否合理，关系到最终的图案效果。根据邮票原稿写实手法考虑线条排列后，我开始了邮票原版雕刻创作。当拿起雕刻刀进行雕刻时，我的心里还是有些紧张。这是进行邮票原版雕刻，不同于其他绘画创作，刻坏了是不可以弥补的，在雕刻时要格外小心，不能有半点儿闪失。在接近原版雕刻收尾时，经反复考虑后才敢下刀。经过一个月的雕刻，我终于完成了第一块原版雕刻创作。

J.134《朱德同志诞生一百周年》

　　1986年，我接到了领导分配的《朱德同志诞生一百周年》邮票图稿设计任务。我首先考虑用什么形式来表现这一重要选题邮票。因为我的专业是邮票原版雕刻创作，我特别喜欢我国50年代由老一辈设计家、雕刻家创作的单色雕刻版邮票，他们从设计形式、雕刻技法方面把雕刻邮票的庄重、古朴、精细入微的特点表现得淋漓尽致。所以我设计的《朱德同志诞生一百周年》邮票图稿，采用单色雕刻版形式，利用文武线框把图像、文字统一在整体画面中，两枚邮票分别使用棕色和深绿色，既统一又有变化。

　　在邮票原版雕刻时，我有幸和恩师高品璋先生完成了两枚邮票原版雕刻的创作。当时高老师已经六十多岁高龄，且患有青光眼。在他近50年的雕刻生涯中，他雕刻出了许多精美佳作。我和老师共同雕刻这套邮票，也使我心里有了底。在雕刻过程中，遇到问题我及时向老师请教，使我很顺利地完成了这一重要选题的雕刻任务。

　　我深深地记得，在送别恩师的仪式上，看到高品璋恩师消瘦的面容，往昔的一幕幕又重现脑海……

　　我忆起他对工作的敬业精神、对艺术学无止境的追求、对我不厌其烦的传教，使我能够从对邮票一无所知到可以独立完成邮票设计、雕刻创作。

我还记得，他在雕刻《朱德同志诞生一百周年》邮票原版时，因为跑了一刀重重地把雕刻刀摔在地上的情景……他用半年的时间才雕刻完成《朱德同志诞生一百周年》邮票第一图的原版雕刻，这充分体现出恩师对事业一丝不苟的认真态度以及对我国邮票事业的无私奉献。这枚邮票图稿也是他雕刻了一辈子邮票原版的最后一件雕刻作品。

渐入佳境

一套精美的雕刻邮票作品发行，离不开设计者、雕刻者和印刷师傅的共同努力，三者缺一不可。设计者创作的雕刻版邮票图稿要能够充分体现出雕刻邮票的特点。雕刻者在雕刻邮票原版排线时，要与邮票原稿中表现的内容、设计形式和绘画技法相统一，经过适当的印刷工艺才能产生精美的邮票。

我在雕刻《贺龙同志诞生九十周年》邮票第一图时，看到杨力舟先生用炭笔画的素描邮票原稿，一时不知从何下手。以前在表现人物肖像排线时，都是用比较规矩的点线排列，而这种排线不能表现图稿中用炭笔画出的笔触。要想达到雕刻排线和邮票原稿绘画技法相吻合，就要运用能体现出原稿绘画风格的排线方法。我在纸上画出了几种排线方案，经过反复比较认定，只有依据邮票原稿中的笔触方向排列线条，在同方向的线条上运用宽窄、粗细的变化雕刻出邮票原版。这对我而言是一个新的课题，也是我在线条运用上的突破。

雕刻版题材的邮票，有单独一枚的，也有几枚的，还有十几枚的选题。当时选题下来之后，雕刻人员自选图稿进行雕刻，也有少数选

题是经过雕刻人员内部和中外雕刻
师竞争选用的。

第二代老师以传统手工雕刻为主

1990年发行的《诺尔曼·白
求恩诞生一百周年》邮票，是由中
国和加拿大联合发行的，从设计原
稿到雕刻原版都是经过中加设计
师、雕刻师竞争产生的。我在雕刻
原版时，提醒自己要做到排线合
理，重点放在人物神态的刻画上。
可是在雕刻原版中途发生了意外，在雕刻人物眼神时，下刀过急，
只差半线之差，便使人物神态发生了变化。这时，我才深深体会到
了高品璋老师经常说的"雕刻邮票原版慢就是快"的道理了。当时
距离邮票发行还有一段时间，我只好从头再来，重新再雕刻一块原
版。最终我雕刻的第二块邮票原版通过竞争中选，作为中加两国的
邮票雕刻原版印制邮票后发行。

我与生肖

我雕刻过人物、风景、文物、动物，尤以十二生肖选题最多。在
第一轮、第二轮发行的生肖邮票中，我一共雕刻了13套。通过雕刻
十二生肖题材原版，使我渐渐对这一题材产生了浓厚的兴趣。

我在雕刻完成1995年发行的《乙亥年》猪票原版时，产生了设
计生肖邮票图稿的想法。于是1997年，我参加了设计《丁丑年》牛票
图稿选题的竞争。从搜集材料开始，我翻阅了大量资料，登门拜访了
蔡兰英和齐秀花两位国际特级工艺美术大师，还拜访了杨洛书民间木
版年画大师，使我在设计《丁丑年》牛票图稿时，确定了邮票图案

T.90《甲子年》

T.107《丙寅年》

T.124《戊辰年》

T.133《己巳年》

T.146《庚午年》

T.159《辛未年》

2001-2《辛巳年》

1994-1《甲戌年》

1995-1《乙亥年》

1993-1《癸酉年》

1997-1《丁丑年》

1992-1《壬申年》

1999-1《己卯年》

2003-12《藏羚》及手绘雕刻布线稿

和表现形式，最终在参选的21个方案中脱颖而出，被确定为《丁丑年》牛票图稿，经我雕刻后印制发行。

在《丁丑年》牛票发行之际，我参加了上海举行的邮票首发式，首发式上有名记者采访我。他在采访时提到，到这枚《丁丑年》牛票发行时，我已经雕刻11套生肖题材邮票了，而且题材不重复，如有可能再雕刻一套兔票，我就雕刻了十二生肖一轮题材的邮票了。

1999年《乙卯年》兔票题材竞选方案下来后，我参加了邮票图稿的竞争，先后设计了6个方案，选定其中一个方案参加了评选。经过邮票图稿专家评审委员会的评审，最终我的方案中选，实现了我雕刻一轮十二生肖邮票的愿望。

我于2014年退休。在38年雕刻设计创作生涯中，我一共设计了15套邮票，雕刻了40套雕刻版邮票。其中，《朱德同志诞生一百周年》《邓小平同志诞生一百周年》邮票获得当年年度最佳邮票奖。每当我翻开邮票目录时，看到自己设计、雕刻的邮票，感到非常荣耀，同时看到自己有的作品时也感到一丝遗憾。

当有人问我从事邮票设计、雕刻专业以来，我对哪套邮票最满意，我会说是《朱德同志诞生一百周年》，因为这套邮票给我留下了深深的记忆和永久的怀念。

（董琪／文字整理）

雕刻无"疆"，由刀及笔

董 琪 自述

1977年夏，正是新疆繁茂之际，我出生在乌鲁木齐这座遥远的边陲城市。这里天山环抱、雪山巍峨、绿洲点缀，丝绸古道历史悠远，人文地理丰富广袤，民族风情灿烂多姿。这片神奇的土地，是滋养艺术的圣

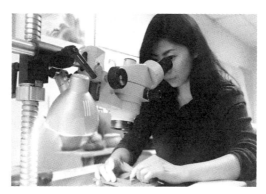

董琪在雕刻工作中

地。我生在这里，长在这里，注定了我这一生要与美结缘。

邮局里长大的孩子

我母亲是老邮政人，我是在邮局里长大的孩子。童年记忆中，邮局业务一直繁忙。每天放学后，我都要去母亲单位等她下班。当时，邮局设有报刊杂志和集邮柜台，是个快乐天地，我最喜欢在这里逗留。在这片小小的天地，我有机会大量阅读喜爱的读物，也能抢先欣赏到最新发行的邮票。

我从小学习绘画，热爱集邮，大抵也与我的童年经历有关。在那个年代，文化生活并不丰富，精美小巧的邮票，在一个小女孩眼中，

是至宝。身处祖国西陲，了解中国的博大，那枚小小的邮票背后，究竟有怎样的丰富感人的故事呢？在不断的思索之中，就不知不觉地获得了很多知识，开阔了眼界，精美的邮票印象也时时映入脑海。那时，对许多邮票设计、雕刻的前辈，我是未谋其面，先知其名。

在绘画和邮票的亲密陪伴下，我大学毕业了。那一年，正赶上最后一批国家分配，面对几个单位，我选择了集邮专业，成为新疆邮政的一名新兵。父母从内地到西北，将自己的一生奉献给了那块神秘的热土，他们的无私、正义、勤奋，深刻影响了我的成长。

刚参加工作，困难就扑面而来。那时每年单位开发集邮品、买图片是单位一笔不小的开支，为了尽量降低资料图片的版权支出成本，我开始学习摄影。为了掌握摄影技术，我花去一年多的工资，购买了第一部照相机，记得是佳能单反相机，随后，逐渐配齐装备。那时都是胶片摄影，每次拍摄回来，我都自费冲印，甚至我都舍不得买衣服，有点儿钱都买了胶片。父亲见我一个小姑娘整天穿一件摄影马甲，扛个很不成比例的大摄影包，总拿我打趣。对我执着于艺术，父母都很支持，还给我的相机做了件"羽绒服"，以防止电池在寒冷的冬季快速耗电，影响拍摄。

当你打开了一扇门，上天会帮你再开一扇窗。因为摄影需要，我就有机会更深入地走进自然、走进社会、走近人群，用美的视觉去观察自然与人生、探寻新知。

在摄影过程中，我逐渐积累了不少作品，在实践中提高了对光影的认识，对构图的理解，培养了对事物深入观察、思考的习惯，作品逐渐开始参加影展，后来还加入了乌鲁木齐市摄影家协会。我的拍摄为邮品设计节省了不少经费。领导见我有这个专业特长，批准配备了一套佳能EOS2的专业摄影设备。从此，我经常长枪短炮地外出远足，随时捕捉艺术的瞬间。那段记忆充满欢乐，至今难以忘怀。

摄影毕竟是我的副业，邮票才是主业。在那几年的工作中，我设计过一百余种集邮品，从模仿优秀的设计作品开始，到自己进行创意设计，我不断地在兴趣中摸索积累。

众所周知，邮票是"国家名片"，地方优秀题材能够入选"国家名片"是当地的荣誉，各地都是提前几年做准备，期待当地的选题能够列入国家邮票选题发行计划当中。我当时负责新疆题材的选题上报工作，平时很注重为选题收集资料。记得设计2002-14《沙漠植物》邮票需要第一手资料，我专门到距乌市二百多公里的沙漠植物研究所拍摄。长途跋涉并没有白费，我所拍的资料得到专家认可后被采用。我还绘制了这套邮票的纪念戳，发行时用于集邮总公司的邮品中。我设计的《走进新疆》《民族乐器》在2002~2004年全国最佳集邮品评选中，两次获得优秀奖，因此获得了PF-75《乌鲁木齐·亚心标塔》邮资明信片的设计机会，并中选发行。这些经历，让我在所钟爱的邮票工作中树立了信心。

从边疆到北京

2005年，经单位推荐，我到中国邮政集团公司邮票印制局邮票设计室学习工作一年。初到设计室，见到了自己从小就熟悉、敬仰又陌生的邮票设计家们，很激动也很紧张。那时，新中国第三代、第四代邮票设计家都在，邮票设计室大概有20位老师，其中邮票原版雕刻家有呼振源、阎斌武、姜伟杰、李庆发和郝欧5位老师。我的学习工作由李德福老师和郝旭东老师负责。能与老师们面对面交流，我感觉很奇妙也很振奋。

第一次见到李德福老师时，我巴不得记住老师讲的每一句话。欣

研习水墨山水画

赏老师的画时，我被画面中气势磅礴、诗意盎然、灵动飘逸的水墨山水所震撼。后来，我有幸成为李德福老师的学生，跟随老师学习中国水墨山水画至今。

　　一年的学习时光，求知若渴，在老师们的悉心指导下，我的设计水平提升很快。学习期间，我设计了《汕头风光》邮资图，并中选发行。自己的作品得到认可，这在当时给了我很大的鼓励。

　　我跟雕刻结缘，似乎是意料之外但也在情理之中。现在回想起来，我小时候看到雕刻版邮票，就被这种极致的素描体现、古典而高雅的线条之美所深深吸引，当得知雕刻版也用在钞票上，又平添了几多神秘感。从小学习绘画，我就偏爱素描，在高中时曾获得过自治区青少年素描一等奖。素描是绘画的基础，对素描的喜爱，促使我着手了解雕刻版，查阅雕刻版历史。我发现雕刻版最早源自欧洲金属版画，是最为经典的钞票、邮票艺术形式，世界上第一枚邮票"黑便士"就是雕刻版邮票。早期的邮票大多也是雕刻版。所有这些，都让我沉迷其中。

从痴迷到参与，雕刻版的传承危机反而成了机缘，这得益于中国邮政对雕刻版技艺的重视。当时，我国第二代邮票雕刻家年纪都差不多，几乎同一批退休；第三代邮票原版雕刻师仅有郝欧师姐一人。在设计室的一年，没想到领导也在考察我的艺术素养和工作经验，为雕刻师选择接班人。2006年10月，我被选调入印制局设计室工作，开始了邮票雕刻学习、工作的生活。

雕刻时光

传统手工雕刻版需要多年学习，要"坐得住"，更要耐得住寂寞。前两代老师都是从十几、二十岁的青少年时代开始学习雕刻版。学习雕刻时，我已经29岁，工作了8年，同时，我已是中级美术师、正科级的"老同志"。到这个年龄从头开始，我的幸福感大于彷徨。人生最大的幸福莫过于每天都能做自己喜欢的事吧。于是，大学毕业后8年，我重新做回了学生。

为了不影响我的学习进度，起初的4年多，设计室安排我专职学习传统手工雕刻，只让我参加一些邮资类的设计工作。设计室的氛围很好，像个温暖的大家庭，负责我雕刻学习的指导老师是呼振源老师，我也可以随时请教其他几位雕刻老师。他们都是知名艺术家，技艺精湛，知无不言，这让我获益良多，进步很快。期间，单位支持我报考中国艺术研究院，研修设计艺术学专业。

手把手教是传统师承的特点，老师工作，学生观摩，一问一答，在实践中学习。呼老师创作前有个习惯，就是"清理"，他的工作室整洁有序，工作台总是擦拭得一尘不染，他想通过"清理"先让心安静下来，进入创作状态，心无旁骛、平静专注地思考画面。每位老师雕刻风格不尽相同，进入工作状态也各有方法，共同之处在于注意力的高度集中。

　　记得第一天上课，呼老师就告诉我，前辈高品璋先生有这么一句话——雕刻凹版"慢就是快"，操之过急会满盘皆输，出错就要重新来过，在发行时间有限的情况下，雕刻师根本没机会重来。老师嘱咐，刻版之前要做好充分的准备工作，尽量避免灰尘影响刻版过程。尤其在雕刻的时候，一定注意不要有划痕，以免影响后续印制效果。要静下心一点点推进，一个点、一组点到有节奏变化的点；一条线、一组线到不同深浅渐变的线；由曲线到螺旋线，由小圆、大圆到一组组同心圆；从用针笔勾"玻璃纸"开始，再转移到锌版上；从锌版腐蚀后用"0度缩小机"再转移到钢版上。

　　不同材质，不同工具的掌握，每天一点点练习、一步步熟练，其

手工雕刻台

179

中还有艰苦的"磨板、光板",版面要像镜子一样平整光洁,不能有砂眼。整个过程下来,我感觉"手腕都快断了"。经过几次的图稿转移,前期工序就要好几天时间,在手工情况下尽量保证图形的准确性,否则套印时就会出偏差。练熟了针笔和锌版,这还没开始雕刻呢,雕刻钢版才是重中之重,更要刻苦练习,真有种滴水穿石的感觉。在老师耐心的教导下,我认真学习每一个步骤。时光如梭,几年过去了,回头一看,我的基本功练扎实了,接到任务时竟并不觉得紧张。

老师们的教授和引导是在实践中循序渐进的。我在老师们的指导下,完成了邮票极限雕刻版明信片《奥运会从北京到伦敦》中《中国·北京·国家体育场》和《英国·伦敦·伦敦塔》这两幅作品;完成了2008年北京税票《北京坛庙》整体9幅作品;完成了中国第一套雕刻版特种邮资明信片TP37《碛口古镇》(6枚)。在呼振源老师指导下,完成了雕刻版明信片《广州亚运会场馆》(2枚)、TP8《孔庙、孔府、孔林》特种邮资雕刻版明信片(2枚)和《第24届世界大学生冬季运动会》雕刻版明信片等雕刻工作。

令我印象深刻的是,呼老师是位孝子,每次他提起90多岁的母亲时,脸上总是洋溢着幸福的笑容,他对自己的两位恩师同样是情深意重。呼老师每年都去看望退休的高品璋和孙鸿年老师,直到亲自送走这两位国宝级的先生。呼老师总是感叹,有一次他看望孙鸿年老师后,孙老师久久地目送着他,结果没过几天,孙老师就走了。

前辈们一生雕刻了很多经典的邮票,除了查看邮票目录能知道这些艺术家的名字(清朝、民国时期邮票多无雕刻师的记载),至今还没有书籍专门记载过他们,这些经典的作品像宝藏一样,深藏于历史的岁月中。

《奥运会从北京到伦敦》之《中国·北京·国家体育场》

《奥运会从北京到伦敦》之《英国·伦敦·伦敦塔》

不饶点滴，不饶自己

我创作时有点儿"强迫症"，总是跟自己较劲，例如在创作《北京坛庙》时，为了表现天坛祈年殿、天坛圜丘坛、地坛方泽坛、社稷坛拜殿和五色土、先农坛观耕台、孔庙先师门、孔庙大成殿、国子监辟雍、历代帝王庙景德崇圣殿，我多次到这九个地方进行实地观察，查阅资料，了解清代皇家坛庙的建筑风格，琢磨画面怎样构图既统一又能表现各自的特点，研究如何能在这方寸版面里，以小见大，体现出古代皇家建筑的恢宏气势。我在考察时也遇到很多实际问题，比如进入孔庙时，发现盛夏时古树浓郁，从正面几乎看不到建筑主体，还有的建筑景深距离不够，或是太空旷，没有制高点，拍摄不到全景等等。这时我的摄影特长和设计专业发挥了作用，我找角度拍摄，补充，再用电脑拼接，最后手绘完善。

创作完成后，我交给老师看效果，得到老师认可后，我再开始手绘雕刻布线，再请老师指导。就这样，一个建筑多幅图稿反复补充、修改，当看到最终的效果时，回想整个艰苦的过程，我为自己的每一点进步而感到欣慰。创作《中国·北京·国家体育场》时也是如此。我到实地仔细观察这个庞大的钢结构建筑，思考如何在平面中表现这种立体的美感。这套图稿共4枚，我负责创作其中的两枚。绘制完成后，看单色效果都很好，但最终的套印效果却稍有偏差，让我有点儿遗憾。我第一次意识到，雕刻版既是艺术也是一门工艺，要想最终呈现最佳的效果，与印刷的结合非常重要。从此，"结合"这个词深深印在了我的脑海中。

说到遗憾，几乎是每位艺术工作者的共同感受，随着自己的不断摸索、进步，最好的作品永远是下一幅。我创作时会反复画，反复

《洛阳白马寺》雕刻版明信片

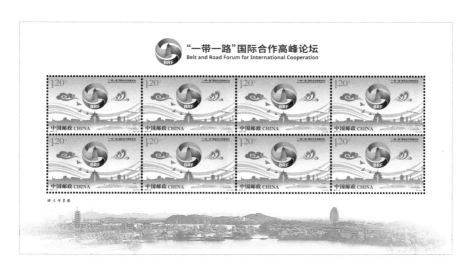

2017-10《"一带一路"国际合作高峰论坛》

集体讨论生肖邮票图稿

孔维云老师指导雕刻细节

反复推敲印制工艺

《己亥年》特种邮票"全家福"

改，直到不得不交稿时才上交图稿。刚发行的作品，我再拿着琢磨，总感觉如果能再画一遍就更好了。

就在本书出版前夕，我有幸中选了2019年《己亥年》生肖邮票的第一图"肥猪旺福"雕刻稿，原画是韩美林先生的作品。生肖题材深受大众的喜爱，早在1983年韩美林先生设计了我国第一套生肖邮票《乙亥年》之后，时隔36年再次由韩先生担纲。这两套邮票所不同的是，1983年的猪票极具装饰性和民族特点；今年的图稿则充分体现出韩先生开创的"刷水画"的特点，其凝练、生动、色彩鲜明，笔墨变化丰富，看似一气呵成，体现的却是韩先生几十年的笔墨功力。"肥猪旺福"整个画面用笔流畅，焦、浓、重、淡、清，运墨而五色具。除了墨色，还有鲜亮的中国民间艺术色彩点染。大家赞叹原作的同时，也感受到了这次任务的难度。因为1980年开启的第一套生肖邮票，正是雕刻版邮票的一套经典的代表作品，如何展现出当代的雕刻艺术风貌是我们这代雕刻师肩负的责任。每年生肖邮票的选题论证、约稿、设计、雕刻、评审、印制都会提前一年进行紧锣密鼓的准备，选评过程也非常严格。这对雕刻师来说，是机遇更是挑战，在完整表现好原稿的同时，更要发挥出雕刻版表现力强的特点，使原稿锦上添花，同时体现出雕刻版的独特魅力。

当代艺术泰斗黄永玉先生，早年在给曹禺先生的一封书信中曾说，艺术创作要"不饶点滴，不饶自己"。前辈大师们尚且如此，我们青年后学更当谨记于心、身体力行，以无愧于这个伟大的时代。

融合与传承

2012年，第二代雕刻家们即将退休，第三代雕刻师仅有郝欧师姐和我两名女雕刻师，邮票印制局领导意识到雕刻版正面临后继乏人的堪忧局面，这也是全球雕刻凹版师的现状。于是，中国邮政与丹麦邮政联合举办"雕刻师培训课程"，并通过考试择优精选了8名学员，加上我和师姐，共10人，聘请国际雕刻名家马丁·莫克来中国进行为期一年的雕刻版课程集中教学。马丁老师为此做了充分的授课准备，使整个课程既系统又成体系。

马丁老师授课

传统技艺的传授，东西方有共通之处，即讲求师承，雕刻凹版也是如此。首先，师傅要带着学生准备工具，雕刻师的工具都是手工制作的，即根据雕刻师自己的使用习惯来定制。一套工具，一两把刻刀使用一生。我的手形很小，呼老师曾将一把既精小又有岁月感的雕刻刀传给了我。这把刻刀是第一代雕刻家孔绍惠先生使用的，孔先生是南方人，手形也很小。我拿到后一用，刚好合适。呼老师说就像给我预备好的，我注定与雕刻有缘。我的第二把刻刀是马丁老师为我们雕刻班学生准备的，每位学生再根据手形自己调整刀柄的长度。马丁老师看着我的手说："我得为你准备一套small tools。"

一把小小的刻刀，承载着多少雕刻的时光，承载着几代师生间的传承、期待与情谊。

马丁老师在课程开始之初，送给我们每个学生两本具有哲学思维的书——《箭术与禅心》和《摩托车修理店的未来工作哲学》。这两本书讲述了静心于当下学习思考的过程。每节课上课之前，这位来自于斯堪的纳维亚半岛的北欧艺术家，都会用挪威语或英语为大家诵读一首诗，再由翻译将译文朗读一遍。通过让大家感受不同语言韵律的过程，使大家安静下来，开始练习。

187

　　手工雕刻一块邮票大小的钢版，根据复杂程度，往往需要20天以上的时间，一个人独立完成，不能被打扰。我们在雕刻时，喜欢听舒缓的音乐，而马丁老师则带着耳机听重金属摇滚乐。他说这样的音乐让他更专注。也有的老师放着收音机，其实播放的什么，他根本无暇听到。也许是一个人静静地雕刻太寂寞了吧，有点儿声音感觉不那么孤独。

　　无论东方与西方的传承方式，都有一个共同之处，就是"心静与专注"，这让我想起学习书法时的一句话："夫书，先默坐静思，随意所适，言不出口，气不盈息，沉密神采，如对至尊，则无不善矣。"非静心与专注，不可以言雕刻。

艺术当随时代

　　邮票源自欧洲。传统中，邮票雕刻师同时也是邮票设计师，在邮票上会铭记雕刻师的名字。在中国，自第二代邮票雕刻师开始，雕刻邮票的同时也设计邮票。我大学时的专业是工艺美术，研修学习时是设计艺术学专业。2011-21T《中国远洋运输》是我设计的第一套邮票；我雕刻的第一枚邮票是2015-6《中国古代文学家》（四）中的《汤显祖》。设计专业与雕刻专业相辅相成、齐头并进。我热爱中国优秀传统文化，在中国邮票中，传统题材很多，学习水墨山水画，也对我的工作起到了潜移默化的推进作用。中国传统绘画的雕刻凹版形式，是我国几代雕刻艺术家在实践中形成的特有艺术风格。雕刻版源自版画艺术，我通过学习版画史，了解金属版画、铜版画技法，感受到中西方艺术的相承性，随着文化的融合、技法的渐进演化，互相影响，并且形成艺术的迁徙。现代艺术作品，越来越不再是单一的表达，而是多种形式的"和声"，甚至是跨领域的视觉、听觉、触觉和科技的融汇。邮票是"百科全书"，面对不同的题材，丰富的表达才具有时代的吸引力和生命力。我们力图邀约更多的人来了解、喜爱邮票艺术，传递美，增长知识，形成互动。我们通过不懈地研习与修炼，在艺术的未来之路上，不断攀登。

雕刻版邮票是"致广大而尽精微"的艺术，在点线之间寻觅艺术的表现力。雕刻凹版是一种融合性很强的艺术形式，能独立完成作品，也能与多种印刷手段很好地结合，更多更丰富的表现力需要我们这代人不断探索、创新。

探索创作雕刻凹版画

2016年，我探索性地将雕刻版回溯到铜版画的母体，将铜版画技法与近代雕刻版技法结合，在北京举办了《艺术·迁徙》个人画展，尝试将雕刻版艺术回归到大美术的范畴中，进行艺术探索。每个时代的艺术作品都带有时代的特征，艺术当随时代。

从2015年起，我开始收集、查阅更多史料，开始创作《雕刻时光——中国邮票雕刻凹版口述史》一书，期间拜访了多位业界专家、学者，希望尽自己的微薄之力，将几代邮票雕刻凹版艺术家记录成书，记述他们的流金往事和雕刻时光，展现他们的音容笑貌，呈现给广大爱好者参阅品鉴。

师遇北欧，生为邮雕

马丁·莫克（Martin Mörck） 口述

1908年，海趣的到来为中国钢雕刻凹版开启了外教的先河，直至一个多世纪以后，中国又聘请了钢雕刻凹版的第二位外教，即我本人。

跟北欧的冰雪一样，刻刀也有自己的棱角，家庭的艺术氛围带我走进雕刻，而雕刻又带我认识了中国。凡此种种，都是艺术结下的缘分。

马丁·莫克

家风渐染

1955年的瑞典徜徉于艺术和工业的世界，那一年，赫尔辛堡大展代表了瑞典空间设计的最高峰；那一年，瑞典Stromsund桥的落成拉开了现代化的斜拉桥建设的序幕；那一年，瑞典汽车品牌沃尔沃开始进军美国。和当时世界上多数地区还在为人口和粮食焦虑不同，瑞典作为世界最发达的国家之一，早已开始了对"美"的追求。

同样是这一年，我出生在瑞典哥德堡——这个西南部海岸著名的港口城市，与丹麦北端隔海相望。不冻港带来了繁华，而流动的海水暗示着生生不息的艺术土壤。

在我尚未出世时，父母早已为家庭氛围定下了基调——艺术。我父亲是一位擅长多个领域的艺术家，而我的母亲则是一名纺织艺术家。值得一提的是，我的母亲至今依然活跃在她所熟悉的领域，2018年3月，她迎来了自己95岁的生日，而她选择在那个时候举办一次展览。

不仅是我的父母，我人生中所有的亲人都在从事与艺术相关的工作，我的前妻、两个儿子、姐姐和姐夫，以及他们的孩子，都是设计师、画家、音乐家……而我从小与一群朋友在艺术社区里长大，社区有40多个工作室。在进入公立学校学习后，由于班里的孩子都来自有艺术背景的家庭，我们也被称为"艺术儿童"。

不过，对我人生影响最大的，依然是我的父母，他们都是很纯粹的艺术家，没有驾驶执照、不懂柴米油盐，几乎对艺术以外的东西一无所知。

读完9年的公立教育后，我选择了艺术学校，但在那里我收获很小，对个人职业生涯影响深远的，则是在我进入艺术学校之前，父母给我的耳濡目染。进入公立学校之前，我未接受过学前教育，父母的工作室取代了幼儿园。自咿呀学语起，铅笔、颜料、纸张就是我接触最多的玩具，我对艺术历史、邮票历史、绘画的了解，都源于父母在那个时期的教导。

除此以外，我对邮票的兴趣，也源于我的父亲。作为一个集邮爱好者，我父亲拥有很多邮票，他时常翻开集邮册，告诉我哪些是雕刻版邮票，并将它们与16世纪法国、德国艺术大师的雕刻版画作品进行比较。在父亲潜移默化的影响下，我开始对邮票与雕刻凹版感兴趣。

求学之路

父母与子女的默契体现在很多方面。作为艺术家，父母从未对我的职业规划有所干涉；在学习中，他们仅回答我的问题，从未提出异议。

学习雕刻凹版，也同样由我自己决定。16岁时，我开始学习雕刻凹版，随后步入瓶颈，亟待提高。这时，我意识到老师的重要性，开始考虑拜师学艺。

哪里能学习雕刻凹版？排除种种机构后，瑞典邮政成为最佳的选择，那里有专业的邮票雕刻师。因此，初出牛犊的我大胆给他们写了一封信，阐述了我渴求学习的想法。幸运的是，瑞典邮政接收了我。于是，我告别生活了19年的故乡，来到瑞典首都斯德哥尔摩。

在瑞典邮政，我遇到了对我职业至关重要的老师——安得·马龙，作为瑞典邮政当时的主雕刻师，他非常优秀，尤其擅长肖像雕刻。他一再对我强调，雕刻最重要的是内容，而非形式。这一理念与许多雕刻师的观点背道而驰。例如斯拉尼亚，当时的另一雕刻师，他更关心形式，并不太在意内容。这两者犹如两块相斥的磁石，无法沟通。所幸，我拜师在安得·马龙门下。

我前后在瑞典邮政学习了10个月，前4个月里，我学会了许多钢版雕刻技术，受益匪浅。但因为邮政组织结构老旧，我无法融入其中，令我印象尤为深刻的是某个早晨，局长对我说："早上见到我的时候，你需要向我问好。"当时留着长发、戴着鼻环的我，看了他一眼，随后一言不发地离开了。在休息半年后，我重新与瑞典邮政取得联系，他们欢迎我再次回去，我因此又学习了6个月。即使我当时的个性很鲜明，我依然靠勤奋与天赋获得了认可。在完成学习之际，瑞

192

马丁钢版手工雕刻过程

典邮政希望雇用我，我也答应了。

但这段工作只持续了几周，随后我放假回到家乡的小岛上。脱离城市的喧嚣与机构的沉闷，我发现宁静的小岛更适合雕刻。当瑞典邮政要求我回去工作时，我决定辞职。此后，我一直是自由职业者，与瑞典邮政合作了许多年。虽然离开机构，但我并未停止学习，旅行学习是工作后进修的好机会，我曾经多次去华盛顿，学习美国印钞的雕刻凹版技术。

雕刻起源

雕刻凹版工艺自诞生起就意义非凡，这一切的故事都始于钞票。自钞票出现，安全问题就成为头等大事，雕刻凹版的出现，缓解了大众对于假币的焦虑。百年前，鲜有人会雕刻凹版，将雕刻凹版用于钞票印制，极大地降低了假钞出现的可能。

19世纪中期，雕刻凹版行业在纽约逐渐成型，这也得益于美国社会发展后出现了巨大的财富，需要对纸币的安全作出保障。此前，美国没有雕刻凹版师，但当时英国和法国有不少雕刻凹版师在印刷书籍等行业工作。随后这批雕刻凹版师，被美国人开出的高薪所吸引，漂洋过海来到美国从事钞票雕刻工作。

邮票，与纸币雕刻凹版同源，相比纸币，邮票同样有着源远流长的历史。1840年，出现了近代意义上的第一枚邮票——"黑便士"，到了19世纪四五十年代，很多国家都开始使用邮票。

最初的邮票，多是木版雕刻而来，直到美国印钞公司发明了钢雕刻凹版，雕刻钢版、淬火、转印到小杠轴上，再转印到铜滚筒上，用这种方式可以进行大量印刷，行业革命由此完成。防伪对邮

193

票而言至关重要，这是瑞典邮政在过去10年一直使用雕刻凹版邮票的主要原因。

1908年，海趣来到中国，他带来的雕刻凹版意义非凡，帮助中国印钞行业构建了雕刻版系统。

技术差异

从雕刻凹版发明至今，钢版雕刻和铜版雕刻一直是雕刻界的两大技术名词。外行乍一看，会认为两者并无区别，但对于雕刻师而言，这两种材质的雕刻过程有天壤之别。例如，铜版雕刻相对于钢版雕刻，需要时刻专注，稍有不慎就会出现瑕疵；同时，雕刻师需要进行不停地抛光，防止雕刻刀造成刮痕，目前不少铜版雕刻的纸钞都是经过不断抛光后才完成的。不过，比起钢版雕刻，铜版雕刻的优势也很明显——雕刻速度更快。

2017年夏天，我完成了一个关于法国风景的双倍大尺寸的邮票雕刻，尺幅面积大意味着任务繁重。在拖延至需要交稿时，我决定选择铜版来雕刻。如此一来，我便可以雕刻很长的线，用于描绘山、水的轮廓，这样只需要3周便可完成，如果选择钢版，则需要3个月。

而随着科技的发展，现在的钢版雕刻可以由机器来完成了。很多年前，我为加拿大政府雕刻纸币母版时，都采用钢版手工雕刻，工程非常浩大。但如今，印钞都实现了数字化（不过这对设备要求非常高），只剩下极少的公司依然采用手工雕刻。铜版雕刻是手工雕刻的基础，近些年，隶属于国际钞票雕刻师协会（总部位于瑞士洛桑）的全世界最权威的培训机构雕刻学院（位于意大利乌尔比诺城），所有培训都用铜版雕刻。

雕刻凹版技术不止于此，雕刻的风格需要根据题材变化。如果邮票的主题是鸟，需要格外注意线条的强弱，以突出羽毛的特征；如果客户喜欢更多的色彩，则需要减少线条，便于安排色彩。

随着国际化的加剧，过去泾渭分明的流派如今有了融合的趋势，历史上，各个国家的邮票风格都有不同，这可以从艺术和工艺两方面判断。例如，捷克、斯洛伐克、列支敦士登、奥地利、意大利等地区，它们的邮票雕刻有无数的小线条，这与当地雕刻师同时雕刻钞票有关。而在法国则不一样，它们的雕刻师没有印钞的风格，通常直接在钢版上下刀，雕刻风格自由且带有明显的个人风格，可以直接看出来是哪位雕刻师的作品。

而如今，差别正在被缩小。一是联合印刷方式的应用越来越多；二是因为很多情况下，雕刻往往只作一些轮廓的勾描，虽然是让邮票效果更好，但已经无法称之为真正的雕刻版。

中国情缘

作为入门需要5年以上的行业，全世界的雕刻凹版师非常少，这就意味着，一些雕刻凹版师会为多个国家服务，我也是其中之一。作为非常熟悉的伙伴，我与中国的缘分始于1994年。当时，我雕刻了中美联合发行邮票——《鹤》，随后，我拜访了中国邮政集团的邮票印制局，从此结下了缘分。

此后，我曾提议瑞典和中国发行联合邮票，瑞典邮政对此很感兴趣。事实上，这次联合发行项目确实进行了，但却没有邀请我参与其中，这埋下了我与瑞典邮政结束合作的第一颗钉子。

2010年，中国邮票印制局联系丹麦邮政，邀请我雕刻第一套

《外国音乐家》邮票，于是我再次来到中国工作。

在所有的中国邮票设计师中，我与王虎鸣的合作最多，虽然我们在工作方式与性格上完全不同，但出于同样的目标以及认真的态度，我们合作得相当成功。迄今为止，我们已经合作了4套邮票。中国的邮票令我印象深刻，每次看到新的邮票，我都认为很美，希望自己也能雕刻。印象最深刻的，是一套关于长征的邮票，大约是20世纪60年代早期的作品，设计感非常强。

除了为中国邮政雕刻邮票，我还负责教授年轻雕刻师。在海趣之后，我成为第二位来到中国教雕刻凹版的外国老师。对我而言，这件事意义非凡，这意味着我在历史上留下了自己的痕迹。在瑞典，我没有收受学生，而丹麦唯一的学生随着2016年丹麦邮政取消雕刻后，改为绘画工作了。雕刻版印制成本的问题，让许多国家都取消了雕刻，雕刻师也十分稀少，传承让人担忧。

雕刻凹版收受学生的标准很严格，除了耐心与热情，还要有天赋，既要有艺术家的审美，也需要灵活的手艺。在我刚进入这行时，我就意识到自己可以胜任这份工作，因为我可以分辨邮票的好坏以及使用各类工具。

在课堂上，我所教授的不只是技术，还有历史、技巧、绘画、思考如何贴合客户需求，都会成为课程的内容。这几年，我们尝试了多种风格的雕刻，肖像、花儿、静物等等。总之，创作的过程很愉快。

这份工作增加了我停留在中国的时间，我几乎每年有一半的时间待在中国，另一半时间留在瑞典。无论是设计、雕刻还是教授学生，我都非常喜欢。因为它们属于同一个事物的不同方面，这三者，成了雕刻工艺流传的关键。

中国现在雕刻版印制工艺，虽然有需要改进的方面（例如很多时

2010-19《外国音乐家》（一）

候胶印部分太多，当雕刻重合时整体颜色会暗淡），但中国雕刻凹版的品味值得赞赏，同时中国有两个优秀的邮票印刷厂（具有雕刻版印制工艺的邮票印刷厂），两者印制的风格不同，能够印制出很高水准的邮票。

新世纪的担忧

无论雕刻技术曾经多么辉煌，为纸币传播以及邮票的精美做出了多少的贡献，有一个令人遗憾的事实无法忽略——雕刻版邮票正在走向没落。

在我看来，这一现象的出现有几个原因：首先是使用习惯的改变。过去，人们之间互通有无依赖信件，这繁荣了邮政行业。但随着手机和互联网的出现，大众对于邮票的关注日趋减少，邮票从过去的生活必需品变为工艺品，年轻人甚至忘记了它的存在。这一趋势在欧洲更为明显。早在25年前，邮票在欧洲就走向衰落，而在中国，由于人口众多，集邮爱好者的基数使得这一现象才开始出现。

其次，业界的新老交替同样成为问题。在瑞典和丹麦，仍有不少集邮爱好者，他们依然追求高品质的雕刻版邮票，并认为它是邮票中的代表。但是新的管理者并不关注这一行业，他们更关心其他大众行业。

业内人士也注意到了这一问题，近年来，我们可以看到很多推广邮票的努力。但我认为这并不够，要唤回大众的热情，必须从背后的艺术家、历史着手，让行业形象更加鲜明。最重要的是，改变大众的传统观点，让大家意识到，邮票不再是一种工具，而是艺术品。我们不是匠人，而是艺术家，邮票之中同样有我们的设计。邮票，具有很高的收藏价值和鉴赏价值。

题材同样是一个重要问题，90%的人都对邮票的题材格外关注。以中国为例，我发现中国的集邮爱好者更喜欢历史和自然题材，在有了足够精彩的题材后，雕刻师发挥了至关重要的作用，他们让邮票更有趣、更宏大以及更精美。我之前完成了关于法罗群岛的邮票，其中采取了雕刻、胶印、起鼓、烫金种种工艺，通过创新吸引了更多的收藏者。

邮展是推广邮票最好的途径，中国的邮展很丰富。

（陆涵之／文字整理　蔚娜／翻译　Jon Nordstrom [丹麦]／摄影）

第六章

美术家、邮票设计家

艺无边界，特立邮缘

韩美林　口述

1936年冬，我出生在济南皇亲巷。家中老屋破败，生活拮据。2岁时，父亲就因病去世，我们兄弟姐妹只能靠妈妈奶奶抚养。虽然当时家境贫寒，但是家长们还是很重视教育的。那时候学校不限年龄，5岁我就开始上学。

齐鲁学风

我上的是正宗救济会贫民小学，校舍是在山西会馆基础上改造的，学

韩美林先生

生都是穷人的孩子。千万不要小看这么一所小学，它的办学宗旨不得了，一定要把孩子们培养成国家栋梁之才。当时的校训是"但有一技在身，就不怕贫穷"，教导我们先忍耐暂时的痛苦，再去发展远大的前程。

小学总共有6个班，就有3个美术老师和3个音乐老师，非常重视艺术教育。学界大师林金西、赵元任、秦红云都来过我们学校。与此

同时，体育也没落下。我们需要跳墙考试，三年级以下跳低墙，三年级以上跳高墙，跳不过去就回去重跳，直到跳过去为止。冬天下雪，老师跟学生们打雪仗，学生能打老师，老师也能打学生。有同学淘气使坏，往雪里掺白菜疙瘩，打到人很疼，这样不对，就被罚跪。山西会馆还有个戏台，那个同学就被罚跪在戏台上。

我5岁就开始学习书法，6岁开始学画画。最先学的颜鲁公（颜真卿），之后接触柳体、欧体。老师一看，说我不是那块料，我的性格得写颜体。到现在我的性格可硬了。有人说，我的身材像绍兴的母亲，性格像山东的父亲，刚烈。

认识邮票也是从那个时期开始的，每天上学我必经一个邮政局。那时候的邮票都是雕刻版，但当时不明白什么是雕刻版，只是能在邮票上发现很多线条。包括日伪时期、民国时期的邮票，我现在还记得是孙中山图案的。那时接触雕刻版比后来接触新文化运动时期的版画要早。因为是贫民小学，能得到一张邮票着实不易，我对印着小小图案的邮票就格外注意，开始收集。

在20世纪40年代，没有很多娱乐项目，济南的贫民小学也同样流行集邮。邮票上的图案、蕴含的故事、刻画的人物，对人也是一种教育，能够给予我们知识。说邮票是一种智库都不为过。

在这种环境下，我们区区一个小学就出了很多人才：王灿华全国铁饼第一，李秉诚全国标枪冠军，演话剧演电影的人才一大批，还有著名的工程师。成才跟学校的教育关系密切，我们学校是洋学堂，以西式教育为主。同时还有中国传统教育，到了三年级就让孩子们学习《古文观止》。

那时候并非富人重视教育，穷人也同样重视教育。放暑假寒假，我们还要去私塾里学书法古文，当时学习的内容直到现在我还能背诵。我上的私塾在一个庙里，老师姓赵。私塾以中国传统教育为主，管教十分严格，字写不好还要打手板。那时候我年纪小也不太懂，学校就是借助孩子们记忆力好，帮我们打下了童子功，先记下来，长大后慢慢理解。

10岁之前，我得了一场风寒，头发都掉光了。当时我的母亲已经把我放在凉席上了，医治无果就卷出去了。但是我又奇迹般地好起来了。

军艺生涯

1948年，我才12岁，就考入了济南二中。中学三个月不到，我就辍学参军了，成了一名娃娃兵。大概是1949年4月，新中国还未成立。初入军营，我就给24军的万春浦司令员当通讯员，牵马、送信、洗衣服都做过。司令员看我小，有时候一把把我提到马鞍上，跟他一块骑马。没想到歪打正着，我在部队得到了接触雕塑的机会。

当时所在部队正修烈士纪念碑，纪念碑是要有浮雕的。虽然部队的大学生不多，但浮雕汇聚了一批中央美院的学生，其中就有刘开渠的弟子。那么个小孩儿就能跟一群艺术家工作学习，端水砸泥我都愿意。薛俊莲是画油画的，正在那儿画斯大林。我自己也在旁边画，我的第一张油画就送给她了。

想不到这期间，我又跟鬼门关擦肩而过。有一次，24军驻扎徐州附近，半夜我突然惊醒，睁开眼睛发现一只狼正在舔我的脸。我大吼一声，把枕头扔过去，狼才离开。就这样，我差点儿就被狼叼走。

15岁，我复员后到济南一所小学当美术老师。虽然当了老师，我并没有满足，期间对美术的学习没有间断。

19岁那年，我破格考入了梦寐以求的中央美术学院，实现了从小学到大学的三级跳。周令钊先生是我的班主任，我至今仍能记得在他的带领下，学习掌握各种艺术规律，参加各种艺术实践创作活动的场景，周先生对我的启蒙和影响直接而深远。

那时的美院名师荟萃，庞熏琹、张光宇、紫扉、郑可、常沙娜……新中国刚刚成立，以北京十大建筑为代表的各种建筑装饰活动亟需各类艺术人才，美院的师生们经常出现在各个工地，贡献自己的才智，为建设新中国而奔忙。

韩美林先生与恩师周令钊先生都设计过多套精美的邮票

这期间，我接触到的邮票越来越多，集邮也是越集越厉害。

因邮祸福

我本想大干一场，谁知小小的邮票竟给我带来了大灾难。

毕业后，我调到安徽机械工业厅，在美术设计室工作。有一次去上海出差，我就到邮票公司买邮票。碰巧遇到我在美院的同学谢列卡，就一起喝了杯咖啡。因为谢列卡波兰留学生的身份，我就被定罪特务，里通外国。这在当时是大罪，因为这件事我坐了四年零七个月的监狱。蒙冤受辱的日子里我仍在画，"笔是我的筷子，纸是我的裤子"。

平反后，上海美术厂大胆启用我。1973年，导演胡雄华拍摄

《狐狸打猎人》，我做设计。该片1980年6月获得了南斯拉夫第四届萨格拉布国际动画电影节美术奖。从这开始，我的艺术事业才重回正轨。

我跟雕刻版邮票设计结缘是在1983年。我设计了第一轮生肖邮票中的《癸亥年》猪票，设计灵感源于先秦时代的陶朱公。陶朱公就是西施的爱人范蠡，因善于经商被奉为财神。财神在中国文化中是吉祥的象征。为什么想到他呢？上小学时，语文老师就天天让我们学古文，大同书到现在我都能倒背如流。范蠡是个财神，除了古典人物外，民间艺术元素也包含其中。活泼可爱的生肖猪广受好评后，我又在1984年设计了4枚《熊猫》组票，跟猪票一样受到集邮爱好者的追捧。

2015年7月，我开始设计《丁酉年》鸡票，同样是雕刻版邮票。参与这次设计，我感觉是一种缘分，是民族传统文化与艺术的缘分。鸡跟狗一样，是与人类接触最多的动物之一，我从小就看着鸡成群长大，特别是斗鸡，很吸引人。鸡身上漂亮的五彩羽毛吸引了很多画家。邮票艺术有一个艺术标准，那就是漂亮。在设计《丁酉年》邮票的过程中，我画了成百上千的草图，艺术创作是有规律的，"抓住一点，不计其余"，要抓住特点。在中国，雄鸡一直被人们所赞美。"一唱雄鸡天下白"等名句广为流传；无论是大公鸡还是小鸡，鸡的"文、武、勇、仁、信"五德，代表了人们对道德的追求，也是许多画家喜爱画鸡的原因。我们祖国的版图常常被比喻为一只雄鸡，中国人民对鸡也有着特殊的情感。鸡谐音"吉"，寓意着风调雨顺、五谷丰登。

邮票面积小，天地大。中国有上千万集邮者，使邮票成为难得的宣传教育媒介。作为设计者，有责任把美好、有益的东西通过邮票传达。

T.80《癸亥年》

T.106《熊猫》

2017-1《丁酉年》

美·好生活

同年10月，我从联合国教科文组织总干事伊琳娜·博科娃女士手中接过"联合国教科文组织和平艺术家"称号，成为中国美术界获此奖的第一人。在艺术创作过程中，我并没有想到获奖，只是低头拉车。

艺术家应该下乡，和人民在一起，同吃同住同劳动，一起唱歌、跳舞、打鼓，一起捏、画，一起哭、笑……这就是我对他们的感情。我们是有着两千多年文化的伟大民族，在作品中要突出民族的东西。"名利"教育会毁了我们的艺术。艺术要强调个性、独立性、民族性。我就像头牛，一直低头拉车，在地里干活儿。一抬头，竟走向世界了。

一个人的成才，基础教育至关重要。而邮票就是基础教育的一个方面，能买得起，小朋友能看得到，而且没有多大的面积，里面天地却很大。动物、植物、山水、人物、历史、科技等内容都在里面，包罗万象。小小的艺术形式，大大的艺术天地，小孩儿能在其中得到很多启发。邮票是对孩子们产生启发教育的重要方式。所以邮票不但是教育，更是万能教育。

出名之后，好多人说我是从小立志就当画家，才不是这样。小时候，我还很崇拜传达室打课间铃的工友，那时饿得前心贴后背，看见他在那儿吃猪头肉，我就很羡慕，还想当工友。我是人民培养的艺术家，人民哪里需要我，我就去哪里。需要绘画我就创作绘画，需要邮票我就设计邮票。艺术家如果脱离人民，作品远离人民，他的存在价值就没了。

一旦回到人民中，从民族文化中汲取营养，我的灵感和精力就是无限的。我是时间的穷人，我是空间的穷人，见到空就画画儿。有些朋友就说我，韩美林的手不闲着，我现在依旧能在几天内创作几百幅画作。

　　我经历过很多苦难，但在艺术创作中我传递的是一种正能量，是民族的，不带一丝一毫的灰暗。艺术家有责任呈现出善和美的一面，而不是不断地向人们诉说苦难，邮票的承载价值也正在于此。真正的艺术家应当内心充满爱，爱世界、爱大自然，并把爱、快乐和美好的东西通过作品呈现出来。艺术家的表达要与时代并肩，为共建美好生活不懈追求和努力。

（王新一／文字整理）

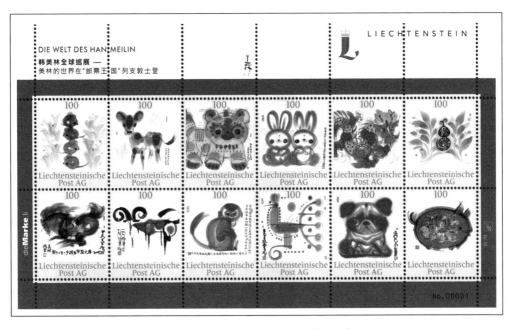

十二生肖纪念邮票（列支敦士登发行）

① 韩先生谈2017-1《丁
酉年》生肖邮票图稿创
作过程

② 韩先生关注文化的传
承，关心邮票的发展，
并为本书题写书名

三十六年前往事拾珍

邵柏林先生谈雕刻版邮票

邵柏林先生1930年生于天津市，是新中国杰出的邮票设计家，著名的摄影家。邵先生是平面设计界的前辈、导师，他的宝贵经验和众多作品，一直以来都是后辈邮票设计师们学习借鉴的范本。他设计的优秀作品很多，

邵柏林先生

开创了很多第一：有新中国第一套生肖邮票，更有新中国邮票的十大珍邮之一等等。邵先生曾担任邮电部邮票发行局总设计师。除邮票设计外，邵先生设计的作品还有大家熟知的中国摄影家协会会徽、中国电信标志回纹"中"字的LOGO、中国集邮总公司标志等知名作品。1994年，邵柏林先生被国务院授予"突出贡献专家"称号。

邵先生格外钟爱雕刻版印刷，他对雕刻版邮票曾有两篇精彩详实的记述。尤其是1980年《庚申年》生肖邮票发行时，黄永玉先生有篇文章生动地描写了邵柏林先生，这些精彩的文章都在当年国家级刊物上公开发表。30多年过去，现在我们每每读起来依然是常读常新。在

此，与大家分享这两套经典的雕刻版邮票作品，重温邵先生对邮票艺术的一生真情，引领我们在邮票的海洋中寻珍探宝。

邮票设计家邵柏林

黄永玉

邮票设计家邵柏林同志我认识很久了，他对于艺术上的精确手段，我总是很欣赏钦佩的。我和他有过许多来往，经常找机会交谈艺术上有趣的问题。这个人，在处理事情和待人接物上，总是非常细心和耐心，而且条理分明；和他来往，使你非常放心，为友有安稳之感，这是起码的条件，也是很不容易做到的事。

他有近二十多年很不平静的工作生活，像他这样一个对朋友非常温和的人，对"四人帮"的倒行逆施却是横眉冷对的。他一如既往地工作着，不卑不亢，创作了许多优美的、为大家所欣赏、流行世界的邮票。

他有过许多漫长痛苦的日子，我很欣慰地感到是艺术创作在安抚着他，像失去一切的人有爱情在温暖他一样，夹带着痛苦而创作热爱祖国、热爱人民、赞美新的建设的邮票。想到他那深度的近视眼，善良而有些抑郁的面容，却具有那么坚韧的意志和对祖国和人民的无比的感情，历尽考验，毫不动摇，不禁深深感动。

在"四人帮"横行的时期，邵柏林夫妇常常来探望我，我曾开玩笑地说："朋友有胆子在打翻的巢里来看我的，邵氏夫妇就是其中之一。"我总是很珍惜这一点情操，觉得朋友相处，这一点很重要。我们对彼此都有个基本看法，即使偶有风言风语也都不重要了，容易处理得比较淡远。

　　柏林的作品我是有欣赏嗜好的，这是因为他在每一件不论大小的创作中都投下精力。人们可能不知道，中国摄影学会的会徽和《中国摄影》杂志创刊号的封面，就是他设计的。那个小小的徽志和大大方方的封面时常在我的脑际里浮现，给人留下一种难忘的精确印象。

　　邮票设计是一种非常富于想象力的工作，我曾有机会和许多这样的同志聊过天，得到他们很慷慨的招待，欣赏了他们诸位艺术家的作品，长了很多见识。他们辛勤创作的成果像春天的燕子飞向世界，几乎世界上任何活着的人都与或将与那小小的邮票发生接触，得到这小小春燕的帮助把情感传达给亲人，但有多少人想到过这小小的邮票的作者呢？

（原文载《集邮》1980年第1期）

往事追记

邵柏林

　　1979年元旦，我去看望黄永玉先生，请他画动物方面的邮票，希望为他正名。他说，何不发行一组生肖邮票呢？我觉得这是个好主意，遂回局复命，并约定下周取稿。1979年1月9日，当我看到一只充满灵性、活泼可爱的猴子时，深信一枚十分精彩的邮票已经诞生了。黄永玉先生嘱咐我做两件事：一为这枚邮票做后期设计，二为该票设计一枚首日封。

　　邮票有很多印刷方法，唯有雕刻版最受艺术家青睐和集邮人金贵，由于我格外钟爱雕刻版印刷，力主该邮票采用雕刻版套影写版印刷。由于猴子是由雕刻版线条组成的，不难想见，黑线条下面衬以满底红色，肯定黑里透红，致使黑的不黑，红的不红。为解决这个问题，我特意画了幅黑色影写版画稿衬在雕刻版下面。一是为了遮盖雕刻线条下面的红色，不使透红；二是根据哪里需要加强，哪里需要减弱，以补充雕刻版之不足。套印后果然墨色饱满厚重，猴子茸毛闪闪亮泽。描述这段技术细节无非是想说明邮票设计不仅仅是文字面值的简单安排，还应包括对印刷工艺的调动策划在内的整体设计。一个好的画稿变成一枚好看的邮票最终是通过印刷机完成的。

万国邮政联盟特规定，各国邮票在发行公告和邮票目录中应标明邮票原画作者、设计者、雕刻者和印刷者名单，以表示对所有为该邮票做出贡献的人们的尊重。

黄永玉先生画了只如此可爱的猴子，实际上给首日封设计出了个"李白题诗在上头"的难题。加之十二生肖"干支纪年"又是个十分抽象的概念，用什么来表现《庚申年》呢？为了应典，中国第一轮生肖邮票的第一枚发行日期原定在农历庚申年正月初一日，即阳历1980年2月16日。据报载，正逢那一天，在亚洲非洲一个狭长地带将发生并可观测到百年不遇的天象奇观——日全食。全世界有七十多个国家一千多位科学家对它进行观测，美国届时将发射观测卫星，我国在云南瑞丽也设站跟踪观察。这真是踏破铁鞋无觅处，我就画了日全食做《庚申年》首日封图案。

在阔别"德先生"和"赛先生"多年之后，用以祈祝庚申年新春第一天，是以讲民主和讲科学开始的。

后来《庚申年》邮票获最佳邮票设计奖，《庚申年》首日封获最佳首日封设计奖。

（原文载《艺术与设计》1998年第12期）

① T.46《庚申年》原画稿及
手绘影写版

② T.46《庚申年》首日封

青铜艺术的瑰宝

——《西周青铜器》邮票设计散记

邵柏林

比马可·波罗的眼睛……

青铜艺术是中国灿烂文化艺术史中的一个高峰。《西周青铜器》邮票上的八件器物则是这个高峰上的瑰宝。无论在历史、科学、艺术上，它们都有重大的研究价值。

邮票第三枚上的铜器是1976年在临潼出土的利簋，器内底镌有"珷征商，唯甲子朝……"的铭文32字，明确记载了武王伐商的日期，与古史记载相吻合，这是唯一能证实这一古代重大历史事件的重器。美国哈佛大学的一学者说："利簋是相当于美国独立宣言和自由女神一样重要的文物。"

再如1979年陕西淳化出土的牛首夔龙纹鼎重达 226公斤，形体魁伟，纹饰庄丽。西周铸器中的罕见巨制，也是迄今已知西周铜鼎中最大最重的一件。至于折觥的瑰丽，伯矩鬲的简古，何尊的雄奇，燕侯盂的端庄，日己方彝的威严、凝重，蟠龙兽面纹罍融浑厚与精巧于一身，都是西周青铜艺术中的珍品。这些青铜器表现的是早期人类社会创造的雄浑美。这种威严狞厉、神秘沉雄是令今人惊叹却又难以复制的美！

这些稀世奇珍在国外展出时，曾引起极大的轰动。仅美国的参观人数就达一百三十万人次之多。旅居海外的华侨看了这些铜器说："我真正地了解到祖国文化的伟大！""祖国，我为你骄傲！""祖国，我爱你！"外国的一家报纸评论说："这些精美绝伦的青铜器比马可·波罗的眼睛和嘴更能让你了解这个伟大民族的智慧、勤劳和历史。"

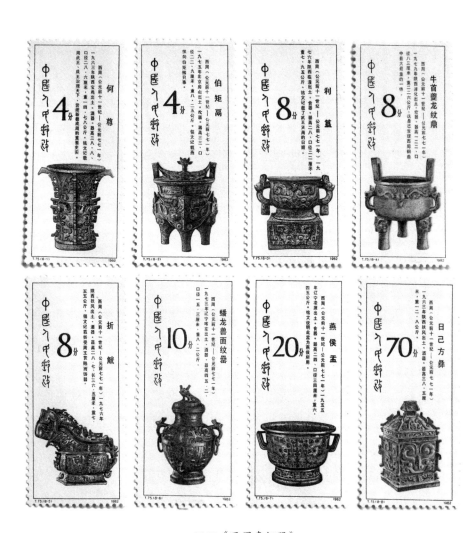

T.75《西周青铜器》

齐之不齐，不齐之齐

《西周青铜器》邮票是1964年发行的《殷代青铜器》邮票的继续。今后还将陆续发行《春秋战国青铜器》等邮票。这些专题将构成邮票上的小型艺术博物馆。因此在设计上保持了前后两组邮票风格上的衔接。

为了普及文物知识，邮票上还增加了文字说明。把如此众多的文字纳入画面而又不喧宾夺主，这是借鉴了中国画中题记的"长题"方法，把器物处理得"实""重""彩"，把文字处理得"虚""轻""灰"。尽管文字占了画面的五分之三，由于虚实的"杠杆作用"，重心仍然在铜器一边。对于雕刻版打样和影写版图稿套印的互补关系如何把握？既无前人经验，又无国外借鉴，更无现代手段可以借助，当时全凭"第六感觉"手工绘制。现在想来，依然觉得匪夷所思！

《西周青铜器》的新邮预告发布后，有几位热心的集邮朋友写信问我，为什么把面值安排在那个位置上？说来也简单，这种处理手法看似"稀奇"，好像"无法"，其实不过是"似奇而返正""无法而法"的方法在邮票设计上的运用罢了。这就是德国学家康德说的"艺术创作是没有规律的合规律性"的道理。用中国哲学家孔夫子的话说即"从心所欲，而不逾矩"。

这组邮票中的八件器物燕瘦环肥，形状不一。设计上注意变化中求统一是很重要的。比如考虑到何尊耸长，燕侯盂硕短，如果对尊作了不适当的压缩，对盂作了较多的扩展，都将破坏八枚邮票份量的均衡。同样道理，日己方彝是个方块实体，而牛首夔龙纹鼎两耳翘立，三足鼎分，中间多空透。彝宜收，鼎则宜放。其目的都是为了达到视觉上的均衡统一。不注意或不正确地运用这一规律，大组邮票多枚并列时，会产生轻重不一、大小不均的现象。

　　再如第五图折觥，首尾已抵边限，与其余七图比较仍嫌小。再放大则破格。因此只能调整拍摄角度，使器形横宽缩短，形体相对增大，从中选出最佳角度，最适当的份量，以与其余七幅匹配。以上考虑都是邮票设计中需要反复推敲斟酌的。这种"齐之不齐，不齐之齐"的美的法则对大组邮票设计中的制约作用则是需要我们认真加以研究的。在邮票设计工作中有无对这一规律的明确认识和自觉运用，其结果将大不一样。

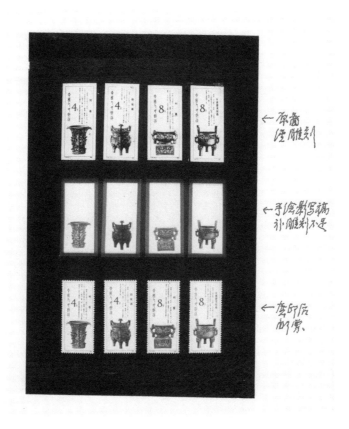

T.75《西周青铜器》邮票中雕刻与印刷的结合

邮票工作者的职责

邮票设计的另一个重要内容是对邮票印刷工艺的选择和设计。是胶印？影写？单色雕刻？还是雕刻影写套印？首先需要做出确当选择。《西周青铜器》邮票选择了一雕多影的印刷方法。其次再根据雕影套印的互为补偿、互为映衬的关系：雕刻为主，影写为辅；雕刻要重，影写要轻；雕刻宜实，影写宜虚；雕刻重笔，影写重墨；雕刻主苍，影写主润；以及二者的分量比最好在黄金分割线0.618上下浮动的规律，一方面对雕刻提出要求，并根据雕刻版打样来绘制影写版彩色稿，以期达到雕影套印后的预期效果。

邮票雕刻不是简单的复制原稿，不是照葫芦画瓢，而是艺术上的再创造。如果原稿是块璞，一经高手雕刻则顿化为光彩照人的美玉。有朋友问我，雕刻版邮票好在哪里？我笑对，子非鱼，安知鱼之乐！统览世界各国雕刻版邮票，其独特的魅力在于品格高古，意趣典雅，不以粉黛示人，不以炫丽取悦，因而常常不为"大众"赏识，所谓曲高和者寡也。而集邮又是千千万万"大众"喜爱的活动，因此即使"和者寡"也要坚持也要推广，使喜爱雕刻版邮票的人越来越多，不再是"小众"使子非鱼亦同享鱼之乐。

关于《西周青铜器》邮票雕刻有两件事值得一说。一是图案中的蝇头小字全系手刻。八块版子，七个人刻，如出一人之手。如果不是齐心协力、严格相求的共同事业心是很难做到这一点的。

二是雕刻家孙鸿年、高品璋年过花甲，他们依然执着地置老弱病痛于不顾，终日伏案，孜孜不辍。他们带出的学生也是这样。赵顺义、阎炳武、姜伟杰、李庆发、呼振源为了工作，舍弃了多少青年人应有的消遣和娱乐。从他们这次完成的雕刻版水平看来，远不是和他们的年龄成正比。看来，精神也是财富，人才也是财富，是一种更值

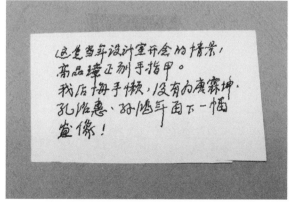

《水禽》小型张首日封

《水禽》邮票首日封

邵先生评《水禽》邮票

得珍爱的财富。

我常到雕刻室去走走。不论早晚，每当看到他们屏息静气地伏案工作的情景，总使我引发老骥伏枥、新骏继起的联想。他们也是在拼搏，一种于无声处听惊雷的拼搏。写到这里，正好传来中国女排在秘鲁利马荣获第九届世界女子排球锦标赛冠军的消息，不禁想起十几年前日本女排教练大松博文和周总理的一段谈话。他说："对人来说，最苦的莫过于战胜自己。运动员和我本人都牺牲了一切，集中精力于排球。一连多少年除了三天年假，一天也不中断练习。在奥运会前夕，一天练习十二个小时。不断地想出了和做出了世界上谁也没有做过的事，其结果就是世界冠军。"这段话是发人深省的。那个时候，我们的排球还不行，如同我们今天的邮票设计、雕刻、印刷水平，与我们国家应有的水平和世界先进水平相比，还不行，或者说还不十分行。不行不要紧，只要我们有女排的那种精神，为了祖国的荣誉严格要求，刻苦训练，注意培养，启用新手，始终保持清醒的头脑，永不停止地奋发图强。一年、二年、三年、五年、十年，不需要太长的时间，中国的邮票事业也一定会搞上去的。

人们常说邮票是"国家的名片"，那是因为邮票上出现的事物常常是一个国家政治、经济、文化、历史等方面最有意义、最珍贵和最美好的事物。对最美好的事物的表现理应也是最美好的，这就是邮票设计、雕刻、印刷工作者的职责，也是我终生不渝的追求。

（原文载《集邮》1982年第12期）

（董琪／文字整理）

画"痴"邮缘，勿忘民族性

李德福 口述

绘画的艺术生命力相当持久，只要能拿得动笔，只要思想还在转，我就心甘情愿继续探索。

人活一世，为的是什么？就是有点儿用，生活有意义，不需要有太多奢求。

李德福老师

对我来说，从绘画中找到自我，就是最佳选择。

颐和画缘

我最早的绘画启蒙，来自皇家园林。小时候我家住在颐和园附近，周边还有玉泉山和香山，在我家屋内可以望见颐和园的外墙。早年，当时一个小孩儿，可以通过流水的涵洞就进到园子里了，我尤其被颐和园长廊上的彩绘所吸引。那些彩绘多为清代宫廷画师绘制的油漆彩画，据说那些老师傅都有画谱，内容都是耳熟能详的"三顾茅庐""三英战吕布"等经典故事。

《颐和园》

《江峡轻舟图》

有次恰好让我赶上长廊彩绘修补。只见画师站在脚手架上，一手拿着两支画笔，不同的颜色，啪啪地来回倒笔。这在我看来，就跟变魔术似的。我悄无声息地爬上去站在他身后，他一回头，发现一个孩子在瞧他画画儿，吓得笔都掉了。后来我才知道，画工笔重彩时必须要倒笔，一张画要倒无数次。每个画种都有其特有的表现技法。

大概小学四年级时，我在伯父那里偶然发现了一本《芥子园》画谱，从此一发不可收拾。我每天痴迷地临摹，家里地上铺的、墙上粘的全是我的画稿，这让大人十分烦恼。因为那时还是煤油灯时代，熬灯费油，画画儿浪费钱，家长肯定是反对的。我只能在家人睡熟后，将灯芯捻小一点儿，灯光弱了，就能省油。我小时候没少因为画画儿这事儿挨骂，我从小打心眼儿里就喜欢中国画。

年轻时我考上中央美术学院，很幸运的是，我正好赶上当时新中国刚成立时期的老一代美术家们还在授课，周令钊先生、李桦先生、伍必端先生、宋源文先生、杨先让先生教授版画创作和技法，蒋兆和先生教授国画写生，詹建俊先生教授色彩，还有叶浅予先生、李可染先生、李苦禅先生、黄永玉先生等艺术大家们都在。对于我来说，有种掉进蜜罐里的感觉。

为什么在中央美术学院我选择学习版画专业？那是因为我是受北大荒版画开创者晁楣先生的影响。当时"北大荒版画"在全国非常有影响力，作为代表人物的晁楣，他能将那么荒凉的地方表现得那么美、那么抒情，给人感觉非常辽阔：一排大雁从天空中飞过，下面是耕作的兵团战士……这画面非常有气魄，诗意盎然。我当时就感觉版画的力量太强大了，不仅概括性极强，而且富有美感。

后来，我一直很盼望能够见到晁楣先生，这个梦想居然还成真了。1977年，我们搞创作，表现林区建设，要深入生活，挖掘题材。

中央美院的领导给黑龙江省委宣传部及黑龙江省文化厅写了一封信，我们一行同学就坐车北上了。我们在哈尔滨第一百货商店对面的一栋俄式楼里（后来这里是黑龙江省美术馆）见到了晁楣先生。晁楣先生对我们这些年轻的学生非常热情和蔼，他拿出一张崭新的拾圆大团结（当时拾圆是人民币最大面值，因为版面上雕刻的人民群众大团结画面，被百姓称为"大团结"），让儿子买来当时哈尔滨初秋唯一的水果——香瓜来招待我们。

晁楣先生对林区生活非常熟悉，他创作了大量表现林区的作品，他带着我们在小兴安岭里与当地林业工人同吃、同住、同劳动，探讨构思画面。一个半月后，我们返回北京开始创作。没想到的是，晁楣先生又来到央美，亲自指导我们把创作完成。至今回想起那段经历，都有着香瓜的甘甜。

曲线圆梦

虽然对版画艺术充满热情，但是早在上学时期，我就意识到，版画专业"毕业即失业"的局面可能在前面等着我。

做版画需要的材料，在当时是十分稀缺的，要知道，当时小两口要拿着结婚登记证去换一张盖着"萝卜章"的纸条，通过"纸条"才能买到4张菲律宾进口的三合板来做大衣柜。这么珍贵的材料让我来做版几乎是不可能的，所以我没有从事版画创作。

后来，我到了邮票发行局（对外称"中国邮票出口公司"，后改为"中国集邮总公司"），先是负责邮票展览工作。那时的展览和现在商业展览不太一样，更多的是政府间的文化交流，因此出差的机会很多。我们每年春秋两季都要参加广州交易会，所以经常坐飞机，那时这是件令人羡慕的事儿。

李德福老师非常重视写生

当时邮票设计工作正面临改革，此前的邮票都是指定一个人设计，图稿设计好后，经大家讨论，反复调整，领导认可后才能通过。后来邮票设计改革竞争机制，同一题材由好几位设计师竞争设计，甚至还会邀请社会上有实力的画家来定向设计。刚开始，大家都很不习惯，感觉日子不好过了。可是我心里的创作欲望始终呼唤着我，于是我主动请缨转做邮票设计。

当年大学四年，我选择了版画专业，对此我确实彷徨过，但是最后，在多重因素作用下，我选择了中国画作为邮票设计的主要方向。因为中国画植根于本土的文化表现，中国画能充分发挥想象空间，注重思想内容的表达，既能写实又能写意，具有很高的浪漫主义情怀。

但实际上，转换画种是一件很有难度的事儿，尤其是它们分属东西方两种完全不同的美术体系。从版画转换到中国画，我总共用了七八年的时间。版画制版讲究造型能力，讲究制作性，技法繁复，需要制版，画面通常是几个版套过去的。而中国画讲究笔墨，讲究厚积薄发的功底，深厚的文学绘画修养，两者浑然一体，要表现出画中的内涵和诗情画意。

在绘画修养和绘画态度上东西方是相同的。我国北宋画家郭熙在《林泉高致》上提出，作画时必须"注精以一之，不精则神不专""必严重以肃之，不严则思不深"。

在邮票设计上，我选择主攻名山大川、祖国山河的题材，因为我觉得自己适合这个方向。邮票创作是一个规定动作的创作，在严格命

1998-31《抗洪赈灾》

2000-18《海滨风光》中国和古巴联合发行

2007-16《五大连池》

1998-23《炎帝陵》

题下，想要发挥出更多的艺术性，我认为风光类设计是最好的选择。我喜欢和大自然直接沟通，实地采风感触最深，再结合我以往邮票展览的经验，有助于我把绘画和设计结合起来。

邮画互鉴

在绘画过程中，写生是前期积累素材的基本形式，是艺术创作非常重要的根据。我在写生时除了体会、记录，写生本身就是半创作，画实景就要尽量考虑好，完成后应该就是一幅完整的作品，这样不仅融入了情感和思考，更能表现出对描绘对象的认识态度。

现在相机、手机等工具取景很便捷，为何还需要写生？因为艺术创作不是照本宣科，尤其是当面对大自然时，我需要自己"读"一遍，就像读一本我喜欢的书一样，每一个章节我都会细细品读。清代画家石涛曾题有"黄山是我师，我是黄山友"的感受，意思是，艺术要源于对大自然实际的感悟。

比如在"读"一棵树时，我通过观察它如何生长，它的整体结构，将其刚柔软硬、前后左右的关系展现出来。在写生过程中，把握结构十分重要，如果用相机对着景物"咔嚓"一拍，回去再画，并不是不可以，只是对实景、对有生命力的东西的直接感受丢了，而且如果这个景物周围的连带关系也缺失了，画面整体就会缺乏想象，所以一幅好画儿一定是超越空间的。

工具上，我也是直接拿毛笔写生，如果用钢笔、炭笔或者铅笔写生，那么整个画面的表现力就不同了。写生材料和创作材料要尽量统一，这样正式创作时才能纯粹地考虑画面的艺术性。

记得1991年，我在创作《悬空寺》（T.163《恒山》邮票）时发现，悬空寺这座古建筑群结构十分复杂，一旦弄错就会贻笑大方，我必须完全依靠写生将资料带回去。

这个建筑群和其他寺庙不一样，它不是建在平地上，也不是建在山上，而是挂在壁上，有一种悬空的感觉，所以叫"悬空寺"。通过观察，我发现从下方45度角仰望效果非常好，最能体现悬空寺的

《悬空寺》

"悬"。但这个角度地处风口，地上有个大坑，坑里还有积水，写生条件特别不好。但我也管不了那么多，为了抓住这个合适的角度，我借了一件羊皮大衣就直接坐在了坑里。燕北地区春天还很冷，五一前还下了一场雪，等我画完，刚准备起身，结果"扑通"一声我又坐下了，我这才意识到整个人已经冻僵了，幸好旁边有人帮忙将我拉了起来。

其实，设计每套邮票都是一次新的挑战，我在画2006-4T《漓江》那套邮票时，已经有一套1980年发行的T53《桂林山水》邮票了。要想把桂林几个主要景点都表现出来，又不能重复还要出新，对设计师来说，难度很大。

但巧合的是，我曾经自费去过漓江游览、写生。记得当时，我坐着一条小船走走停停，当时还是阴雨天，结果漓江的景色就带有一些烟雨味了，别有一番意境。

之后，当地邮政部门就用我的写生画稿整理了文字、附上成图，并上报选题，竟然申报成功，最后被正式列入发行计划。后来我再去时，天上一丝云彩都没有，远没有最初自己去写生时的意境了。

所以说，要体会到中国山水画的"藏"的精妙——深山藏古寺，意境最重要。"藏"，让人产生了神秘感，产生出水墨韵味，并产生出山水的意境。

而将这些山水风光缩小到一张邮票上，则又是另一番功夫。山水邮票的难点在于画幅太小，把名山大川融入到方寸之中，并展现出大山大水的气魄，更是难上加难，这就需要平时多做积累，总结经验。

我的经验是，平时作画都画大尺幅的画儿，房间里悬挂的也多是大画。旁人看到都感觉惊奇，连问："你一个画邮票的，为什么画这么多大画儿？"其实不然，我就是要从大画儿里寻找方寸之间的感

1995-23《嵩山》

2004-7《楠溪江》

2006-4T《漓江》

觉；在大画儿中体会山水间浑厚的体量感。邮票虽小，仍然是一个整体画面，要凝练突出，以小见大，画儿中的关键元素，一个都不会少。

邮票滋味

绘画是我从小的爱好，最后却变得有点儿"走火入魔"，我只要有点儿空儿就画画儿，我的父母都是勤劳的农民，他们不太理解为什么一个小孩儿也不爱玩儿，怎么会对画画儿痴迷到这种程度。小时候母亲总是说："这么辛苦做什么，又不能当饭吃。"

有趣的是，当我工作后，把第一个月的工资交到母亲手上时，她惊呆了，她从没想过，我靠画画儿也能养活自己。后来母亲逢人就说，小时候没少因为画画儿唠叨我，现在居然能赚到工资了。这件事被她念叨了小半年。

如果对一项工作或者一件事没有达到着迷的程度，想要有所成就几乎是不可能的。

从事邮票设计几十年来，无论外界环境如何变化，我从来都没有动摇过。那时邮票行情好的时候，有句俗话说："画邮票的不如贴邮票的，贴邮票的不如倒邮票的。"贴邮票是指加工纪念封。当时印刷厂人力不足，就需要邮政单位的职工下班后加班加工邮品，加工费比我们画邮票的工资都高。"副业"比"主业"收入高，在当时的邮票界并不少见。

我还记得一个有趣的情景：不少人在快下班时，更来了精神，因为大家准备要干活儿了。有的饭量大的男职工，会提前泡好方便面加餐，就等着下班之后加班"贴邮票"。

那时候邮票市场的确好，卖的价格要比邮票面值高出好几倍，月坛邮票市场总是人头攒动。我在市场里看到不少我的作品，价格翻了好几倍。倒卖邮票的人都发了大财，当时甚至还有人撺掇我放弃设计，去倒卖邮票。我说："哈哈，这怎么可能？我还是设计邮票的好。"

到50岁以后，我感觉自己除了手中这支毛笔，别的没有能吸引我的。绘画这条路，我选择一条道走到黑。只要有时间，我就会从事艺术劳动。

临退休前，我受聘于北京市文史研究馆，成为一名馆员，为北京很多重大历史题材搞大型创作。几十年主题创作的经历使我在历史题材创作中有的放矢。退休第二年，我在首都博物馆举办了一场个人画展。现在我已经退休5年多了，我过得相当充实，每天沉浸在绘画的思考和喜悦中，创作不断，画展不断，有种井喷的感觉。

我选择了绘画，绘画也选择了我，我很幸运，也很知足。

① 历史题材创作
② 北京文史馆进行历史题材创作

① ②

路向何方

谈到雕刻凹版，这属于版画专业，源于欧洲的金属版画。邮票雕刻版最早也起源于欧洲，我们是将西方的东西拿过来，形成了具有中国绘画的雕刻风格。如何能更好地结合，是一个需要不断探索的大课题。

单拿用线来说，中国画和西方画虽然都用线，但中国绘画的线条更讲究抑扬顿挫，即使是一根简单的线条，也能产生丰富的韵律和节奏；而西方画用线讲究结构和明暗关系。

雕刻则是用刻刀来绘画，是一种艺术与技术紧密结合、且实用性很强的艺术表现形式。从画工到画家，从雕刻师到艺术家需要有较高的文化修养和绘画修养。艺术是一个文化的理解问题，技法要纯熟但不能匠气死板，要从学养上不断提高。

邮票作为有价证券和艺术收藏品，标注着历史，也代表着一个国家的设计水平和印刷水平。邮票创作不能闭关自守，如果与大美术脱钩，往前是走不远的。我们不能有任务时才搞创作，要靠平时大量的绘画积累，需要多出去写生，多欣赏国内外好的艺术作品，多参与美术学习活动，多关心国家大的美术动态，融入生活，融入自然，融入国家大美术的范畴中去，才能永葆邮票艺术的活力。

（王新一／文字整理）

艺术的融合

李　晨　口述

　　我是绘画科班出身，但没经过具体的哪家师承，也没有刻意追求特别典型的绘画模式，再加上我性格很轴，索性就自己学。不过我始终相信，"谎"要撒上数遍才像真事儿，想做成任何事就得坚持，绘画更是如此。我是一项工作坚持了几十年，中间有很多朋友劝我转型，但我始终认为自己还没有画到最好，达不到想要的境界，所以没有放弃。

李晨老师

　　我也是一个较真且有轻微强迫症的人。比如我为了拍一张好照片，哪怕面前有呼啸而过的汽车，我也会站在原地，将图片剪裁调整好后保存，这样我心里才踏实。有时候我自己想，生命安全和构图哪个更重要？答案是明确的——我还是会情不自禁地站在那里构图。

　　多年的经验告诉我，绘画没有秘诀。它就跟坐火车一样，你得坐到这站，才能看到站台上有什么；没到这站，别人跟你讲得天花乱坠也没用，只有自己到了站，才能看得明白。我就是这样一站站走过来的。

童年的连环画

我从小就喜欢画画儿，一直认为自己长大后只能画画儿，我对别的都没有兴趣。我对画画儿的喜爱，应该是受母亲的影响，母亲原来从事装潢设计工作。早在20世纪60年代，我就看到母亲经常收集的各种好看的图案、花样，比如糖纸、火柴盒外包装贴纸、烟盒纸以及邮票，这些东西对我的审美启蒙很大。

那时候我母亲在印刷厂工作，因此我们小时候从来感觉不到纸张短缺。印刷厂有个大仓库，纸张都被扔在里面，我们可以从房梁上往纸堆上蹦，在纸的碎屑里面玩耍，这应该是童年最快乐的时光了。这些纸后来被我们拿来画画儿，我们画连环画、故事画，画完之后再和小朋友们分享。那时画连环画，大概是一种情绪的抒发。宽松的环境，使我能够最大限度地发挥天赋，拓展自己的爱好。

对于我的兴趣，母亲抱着完全支持的态度，后来即使我有些偏科，母亲也不以为然。我的小学、中学老师也是如此，都很支持我，可以说我是个幸运的孩子。这种情况在现在几乎是不可能的了。

在这段自说自画的过程当中，在绘画方面学校给了我不少展示机会。运动会时，老师让我承担起画宣传画的工作：在大白板上画两个运动员，并写上"发展体育运动、增强人民体质"的标语。运动会开幕仪式上，全校老师同学都行"注目礼"。用东北话说，当时我感觉自己很"得瑟"。我一直坚持着这种自由式绘画。直到1982年，我考入鲁迅美术学院（以下简称"鲁美"）接受正规的绘画教育。因为从小喜欢文学、爱看小人书，所以我几乎没有考虑，就决定主攻连环画。

值得注意的是，当时国内连环画十分火爆，比油画、国画吃香。尤劲东的作品《人到中年》当时火遍全国，印象深刻的还有何多苓的

《带阁楼的房子》、高云的《罗伦赶考》等等。那个时期，几乎可以说是中国连环画发展的黄金时代。

画正规格式的连环画是在我毕业创作时，当时的灵感来自铁凝的一部小说。为了还原场景，我和同学一起到辽宁丹东的一个小火车站。我们在前一站下的车，顺着锃亮的铁轨往前走，只见空中挂着一轮明月，铁轨蔓延到尽头……

我们在当地找到一个卖东西的漂亮小女孩，准备好照相器材。这也是我人生第一次依照现实绘画。我们请她先到火车上坐了一站，到下一站停车时先是从车内往窗外拍她，然后又从车外往车内拍她。当时的情景格外美好，现在想起来仍然印象深刻。

总体来说，那时候我还是喜欢西方绘画，开始我也想学画油画、水彩，但是不太明白其中的色彩关系，看到冷色、暖色、光源色、环境色等概念，我一下就懵了，但我还是想把画儿画好。于是在上色前，我认真画稿，在这上面花费了不少心思。一位老师后来甚至说："你这个画稿都可以参加展览了，不用再往下画了。"之后，我以这种绘画手法创作的作品《萧萧》获得了全国第七届美展优秀作品奖（1989年）。在这项荣誉的鼓励下，我便开始专心画素描作品了。

结缘邮票

大学期间，我打下了扎实的绘画基本功，临摹过很多绘画大师的作品。我记得有一本俄罗斯画册，里面都是列宾、苏里科夫的作品，跟老师借完画册后，我们必须用最短的时间临摹完。为了加快速度，一般是两个同学对着临摹，这样有一个人看到的就是反过来的作品。我当时心不在焉地临摹着作品，心想，反着临摹能画成什么样呢？谁知当时我的搭档，一个四川美院的同学临摹完后，我发现反着临摹竟然比我正面画得还要好。

不过比起具体的绘画技巧，鲁美更多地还教给了我们如何打开新世界的大门，其他全部要靠自己。老师们不仅教授我们绘画的技巧，还教我们如何认识这个世界，以及用什么手段来描绘这个世界。总之教给你思维方式，而非简单的动手能力，这对我来说是十分重要的。

虽然说绘画和邮票不分家，但是以前我对邮票并没有特殊的感情，我曾经还因为将家里的邮票送人，遭到母亲一顿暴揍。后来我当兵时，跟收发文书同屋，他每天都要处理大量信件，我就跟他讲好把好看的邮票悄悄扯下来，攒上一厚叠，邮给我母亲。这大概是我和邮票最初的联系。

一直有人认为我画得好，应该去画邮票，但我始终觉得邮票是高高在上的，不可能轮到我来画。后来我的朋友将我的简历递给当时的邮票设计室主任阎斌武，巧合的是，我和阎老师曾经在鲁美版画系进修时接触过。重逢将记忆的阀门瞬间打开。阎老师邀请我画《中医药堂》这套邮票。

刚开始我并不知道如何下笔，通过翻看邮票画册，我对画邮票这件事有了大致的了解，也是在那时我才知道，很多我认识的朋友都画过邮票。

还记得我来邮票设计室的第一天，桌子上铺满了《中医药堂》的各色稿子，有漫画版、卡通版以及已经上色的版本。但轮到我时却不知道应该怎么画了。于是我通过查阅资料，了解做药的流程、环节，再配上一些器皿，又找了几个学生摆姿势做模特儿，才有了属于我个人特色的画稿雏形。

2010-28《中医药堂》

不能出错，这是画邮票过程中的基本要求！为此我在网上找到一张前人做药的古画，上面有做药的完整程序，这在画画儿过程中是非常重要的专业性技术性参考。比如，你画大夫给病人看病，医生号脉的手不能出错，否则后面会有内行人拿着放大镜挑你的毛病。

细节、细节、细节

最近几年我画了不少军事、战争主题的邮票，之前这样的题材画的人不多，也没人喜欢。同是做当代艺术，但在旁人看来，我的作品太接地气，甚至有点儿"土"。但人还是要有所作为。对新的东西不了解，对当代艺术不明白，怎么办？只有延续当年的思维来画革命题材。

不过时代在变化，如今，讲中国故事、弘扬主旋律、讴歌正能量已经成为主流，革命题材又重新被重视起来。但要画好革命战争题材的邮票，更要打起十二分精神，要严谨且准确。

在我设计《中国人民抗日战争暨世界反法西斯战争胜利七十周年》这套邮票时，"时刻准备着"是我的日常状态。当时这套邮票最初设定是8枚，当我画完准备外出写生时，突然被通知要加上两枚。由于时间紧迫，我用了半个月就赶工完成了。本以为这项工作会告一段落，谁知又突然要求加画3枚。这次的时间更紧，最后收尾工作我仅用一周时间就完成了。其实加班加点还不算什么，要核实细节，真实还原情景才是画邮票最大的挑战。

《浴血抗倭》

2015-20《中国人民抗日战争暨世界反法西斯战争胜利七十周年》

比如在设计《中国人民解放军建军九十周年》这套邮票时，要求用写实画法。以至于现在我走到哪里，都有人说我画得太像了，问我画的是谁。在我看来，这里可以引用钱钟书的一句名言——鸡蛋虽好吃，但不必非要认识下蛋的母鸡。

描绘人像其实并不难。事实上，我画了这么多年邮票，大家知道，我是遵循邮票规律的。我在使用模特时，会让他们进行变化。因为我当过警察，在中国刑警学院科研处就研究过模拟画像，当时的科研处处长办过全国著名的"三八"大案，我们就帮他做模拟画像。

比如面前有一张画像，我想变得不一样怎么办？那就在眼睛处抽掉一条线，换成齐的，这就不一样了；再抽一条，把嘴换成其他人的嘴，整个人就变了。《建军九十周年》的人物改造型我也是这么改，可以变掉嘴形，颧骨拉一拉，下颌拉一拉，再和模特对照时，就会发现差别太大了。

这里有一个小插曲。我发现邮票印出来后海军士兵多了一个帽带，和我原来设计的不同。海军帽带我认真研究过，条例里并没有。专家告诉我，有风就拉上，没风就摘了，帽带不就是怕风刮跑帽子么。刚开始这个场景设定是无风，否则这个地方加一个黑带子不好看，但如果要增加的话也要由我来画，为什么？因为这个黑带子不全是黑条，它有光线变化，某些地方会嵌到肉里，拐弯时又不一样了。这张画是我画的，我有整体构思，即便是要有变动，也应该是在合理范围内。

在设计《毛泽东"向雷锋同志学习"题词发表五十周年》这套纪念邮票时，同样是一个细节都不能放过。其中有一枚的主题是"雷锋送大嫂"，画中的大嫂多大年纪，雷锋将她从哪儿送到哪儿，抱的是男孩还是女孩，都需要多方面核实。我前期先将资料看熟，这样脑海

2013-3《毛泽东"向雷锋同志学习"题词发表五十周年》

中一下就有了雷锋的形象。最后我选择用仰视的、革命英雄的画法，最终画面呈现出在风雨中雷锋怀抱着一个婴儿的场景。

职业与艺术

所有关于艺术创造的工作，在旁人看来似乎都是依靠突如其来的灵感，但事实并非如此。与其说是灵感，不如说是职业敏锐和素养。这是你的工作，你有一套应对这件事的办法，它不是灵感，是极理智的。

比如说我要画托尔斯泰，那还需要什么灵感？我会首先研究要画哪个场景。如果是《战争与和平》，这里可以借鉴列宾油画中的坐像，它后面就是《战争与和平》中的场面，接着是构图、剪影、黑白灰互相衬托，中间的白线怎么留，气氛怎么加，这不是灵感，而是很缜密的设计。

真正的灵光一现的设计，偶尔会有，但大多数都是依靠特别冷静的设计。就好像我们头天晚上喝完酒，头脑不清醒，第二天画不了画儿一样，所以必须特别缜密地思考。但时间久了，你对事物的认识和

《中国人民解放军建军九十周年》

对绘画形成一种习惯和思维后，就能以不变应万变来处理各种情况。甚至对于熟悉的东西，很多做法几乎都是下意识的。比如我要画抗战，就是驾轻就熟。因为之前关于民国主题的作品，我已经画过几百张了，政治、军事、文化都研究过。比如滇西抗战、上海淞沪保卫战、台儿庄战役分别穿什么服装，都门儿清，找资料也不过是按图索骥罢了。其他细节通过电视剧、模特造型等，我很快就能得到画稿原型。

当然，即便非常有经验、积淀深厚，画邮票仍然是一件压力巨大、消耗巨大的事。在绘制《建军九十周年》套票期间，我还因为血糖偏高去医院住了两天。

对于我这样一个有强迫症的人来说，如果在做某件事情没有目标、且不知道什么是好结果时，我就会不停地做、不停地摸索，每天24小时恨不得都盯着电脑，直至做到最好。

2016年，我受邀到邮票印制局设计室，为年轻的邮票雕刻师们上了一周课，把我的绘画创作经验分享给大家，这也是我第一次近距离地了解这门艺术。邮票雕刻的布线方式很特殊，具有很强的防伪性，是一门艺术性、应用性都很强的技艺，源自于欧洲的金属版画。我设计的好几套邮票都是采用雕刻凹版的雕刻版邮票。

2016-11《中国现代科学家》（七）

李晨老师授课　　　　　　李晨老师为年轻雕刻师们授课

　　不过尽管我的设计工作热火朝天，但遗憾的是，我国邮票强大的社会功能正在逐渐弱化，这没有办法。曾经，邮票的社会地位和艺术地位不可取代，比如猴票现象，这是任何艺术门类都不能比拟的。

　　邮票是国家名片，它是我们国家对外和对内对重大历史事件的纪念，邮票的功能不可取代。为什么我们还要下这么大工夫来做这件事？因为它非常有意义，大家一起到画展上去竞争、比拼，它的意义远远不及一套邮票在历史上的沉淀和对一个事件的记载。

　　所以，尽管设计邮票是一件"苦差事"，但我仍然乐此不疲。

（冯羽／文字整理）

第七章

集藏家

七十年太短，邮票值得爱一辈子

李伯琴　口述

　　集邮只是收藏邮票？这么想的人一定没有集过邮。除了收集邮票，制作邮集、参展、逛邮市以及与同行交流邮票，都是集邮生涯中不可或缺的事。

　　在我一百多平方米的家里，几乎有一半的空间都贡献给了邮票和与邮票相关的物品。

　　从学生时期的到处收集，到工作后将多余收入贡献于此，再

李伯琴先生

到退休后将集邮爱好发展成专业化，邮票伴随我走过一生。当小学时拿起人生的第一枚邮票时，我彼时未曾想到会坚持这个爱好67年。

小学"集邮家"

　　说来可笑，我的集邮启蒙来自于儿时的同学。那还是新中国成立前，娱乐活动太少，花花绿绿的邮票对于孩子而言是一种诱惑，但好看的邮票也是稀有物。

1938年，我出生于广西南宁，小学就读于广西南宁德邻镇中心小学。我的同桌触发了我对邮票的兴趣。他家庭条件比较好，人却格外懒惰。因着种种交换，他成了我那时邮票最大的来源。

251

写作业时，他常常问我答案。答案并不是白给的，他抄一题会给我两枚邮票。

当时的学校条件都不算好，我们的教学楼由一座庙宇改建而来。自然，地上的灰也比其他地方都多，值日任务也比较重一些。

每次打扫卫生时，都需要把凳子搁在桌上洒上水再清理。轮到我同桌值日，他也会以邮票作为交换让我替他打扫。因为各种各样的交换，我的邮票越来越多。可以说，我的集邮生涯，始于小学六年级。

那些五颜六色的邮票，满足了一个孩子对外面世界的想象。随着邮票的逐渐增多，我对邮票的趣味也上升了，邮票本身的含义、种类开始成为新的吸引。

我开始不满足于从同学那里获得邮票，打算另辟蹊径。当时同学家里、邻居、亲友都有不少信件，我常常请他们给我一些信封，看到好的邮票就撕下。不过，所有的邮票在那时都没有被妥帖收藏，也不会用水泡下保存，只是被夹在上学期用过的书中。

渐渐地，我的书中存了不少邮票。那时新中国还没成立，邮票都是国民党政府发行的，孙中山等政治人物头像的邮票是我积累的第一批邮票。

高的投入

如果说小学是我集邮生涯的启蒙，那大学时代则是我一生集邮的正式开端。巧合的是，我身边同样有朋友起着推波助澜的作用。

① 李老师设计的"医用电子加速器"荣获国家科技进步一等奖
② 国家科技进步一等奖奖章

1956年，我考取了华中工学院（今华中科技大学），那时的班级很国际化，印尼、新加坡以及来自港澳地区的同学不在少数。

我的室友中，有一位是祖籍广东的印尼华侨。因为日常通信的缘故，他有很多邮票，我便请他将收到的邮票给我，还有其他华侨同学家里寄来的信封，我都积极去索取。大学5年，我收藏的邮票越来越多。毕业时，我已经完成了好几本收藏。

1961年，我大学毕业分配至北京，在中国人民解放军军事医学科学院从事军事科学研究方面的非标准仪器设备的研究设计工作。

繁忙的工作使得邮票的收集方式变为购买。结婚成家前，除了生活日常开销，我部分的工资都投入在此了。1978年，我当时的月工资是70元，妻子月工资60元，在当时说不上富裕，但手头也算宽松。还记得某天，我和妻子办完从部队转业手续后，在民航局门口的邮亭，正好看见一套新发行的奔马小型张邮票，我非常喜欢，当时就蠢蠢欲动想买10枚。不过那套邮票可非等闲之辈，一枚小型张价格为5元，10枚就是50元，相当于我一个月的收入，因此妻子劝我只买一枚。当时听了她的劝告，我仅买了一枚就收手了。回家后我依然念念不忘，隔天又去偷偷买了10枚，过后依然觉得意犹未尽。当这十枚奔马小型张邮票在邮市涨到每枚800元时，我向家人公开了这一秘密，孩子们说"我爸这是明修栈道，暗渡陈仓"，引得全家哄堂大笑。

如果将邮票等同于财富，那我大概也能入选国内的福布斯。

普及和提高

长期以来，集邮成了我的业余生活重心。为了把邮票带回家，出门旅行成了我业余的必修课，也正因为如此，我早早地成了国航银卡、金卡会员。

我出去旅行不仅为了搜集邮票，也为了参加交流、参展、参观等与集邮有关的活动。国内、国外的活动我都参加，因为我想让更多人感受到集邮的魅力，让我国邮票在国外的高山流水中觅到知音，也想让国外先进的集邮经验传到我国。

20世纪80年代中期起，中国的集邮刚上路，起步比欧美先进国家较晚。对于一名集邮者而言，普及集邮知识是自己义不容辞的责任，所以我常常不惧劳累、不计报酬，应邀到学校、工厂、企业、机关和各基层集邮协会举办各种集邮讲座。到2016年，我主讲的集邮讲座已超过300场，听众达3万余人；1991年由北京市集邮协会主办，本人作为全国集邮知识函授班的主要辅导老师，与康桐岭等共同编著的《集邮要领与实践》（三册，96万字）作为函授班的主要参考书，来自全国30个省、自治区、直辖市的机关、团体、企业、学校、部队、农村等8300余人参加了历时一年的函授学习，创下新中国参加集邮函授学习时间、规模、人数之最。此次集邮知识函授班反应良好，在集邮者中留下了深刻印象。

① 1992年3月15日在全国总工会会议室举行函授班结业颁奖会
② 李伯琴、康桐岭等编著的《集邮要领与实践》为函授班学习的主要参考书

2000年4月14日，由北京集邮协会在丰台邮政培训中心主办了一个集邮作者培训班，有来自北京、辽宁、山西、江苏、内蒙古、山东等九省（区、市）近百人参加。我、周新民和王渭等主讲了5天的课程，我们从邮集选题讲起，对邮票的知识做了进一步的拓展，并讲解了邮票的品相和珍罕性、外观印象等对照FIP规则。我们深入浅出、对照实例的讲解，使学员们每节课都情绪饱满、集中精力地认真听讲，课间还围着我问问题。一位参加学习的内蒙古科委主席说："我在单位要开会，时间到了人还稀稀拉拉。我在这里参加学习，学员们吃了饭就拿茶缸、笔记本到课堂来占位置，真是新鲜事。"培训结束，除了举行考试并评出优秀学员以外，还组织大家与集邮家沈增华、李理、周新民、王渭等进行座谈。学员们普遍反映，通过培训他们的收获很大。

同时，2001年北京邮协又在北京政协宾馆举办了第二期集邮文化培训班。

从20世纪90年代初起，我先后为河南、湖北、山东、广西、内蒙古、安徽、黑龙江、福建、上海、浙江、陕西、广东、吉林、辽宁、黑龙江近30个省市、自治区、直辖市的体育、石油、水利等行业系统的集邮协会举办评审员、征集员和邮集作者培训班，点评邮集或举办集邮讲座。特别是1996年7月19日——29日应河南省邮协邀请，北京市邮协杜庆云会长派我去河南，为河南省邮协举办的省级评审员、征集员培训班讲课11天，一百多人参加了培训。我根据FIP设置的主要类别的规则及实施要点，对评审员、征集员的要求及国内外各级邮展的概况进行了讲授。本次授课的老师除了我以外，还有集邮家姚伦湘、戈中博先生。

2004年9月，我在我国著名高等学府清华大学开办了"集邮文化与研究"的公共选修课程。一学期共40课时，36课时是关于集邮文化与研究的相关内容，共讲7章：（一）集邮文化与素质教育；（二）集邮学的产生与研究；（三）邮票与集邮品；（四）邮票的辨伪与修复；（五）邮票投资及风险控制；（六）邮集的类别与研究制作；（七）青年学生重点普及专题集邮。 还有4学时是让学生制作参展的邮集。学生们学习都很用功，考试及格拿到学分没有问题，但要获得高分有些难度。每学期结束我都会给学生开座谈会，中心议题是"你为什么选修集邮课程"，并请他们讲收获、谈体会、提建议。每次他们都热烈发言："我从小爱集邮，听完课后更认识到一枚小小的邮票蕴藏的深奥学问，真是'方寸小天地，世界大舞台'"，"选修集邮课容易拿到学分，比练划船、学音乐及绘画容易多了"，"听说倒邮票能赚大钱，我想了解怎样才能挣到钱"，"我学分已经够了，但我想认识邮票的丰富内涵及如何培养人的高贵品质"，"集邮文化具有历史性、系统性、广泛性和兼容性的特点，构建和谐社会需要集邮文化"等等。这些同学敞开心扉、实事求是地谈自己的想法，真是太可爱了。

在开班仪式上，时任中华全国集邮联合会刘平源会长在讲话中指出，我国著名高等学府清华大学开办"集邮文化与研究"课程，将对我国的集邮活动是极大的推动。此举被评为2004年全国集邮十大新闻之一。

总之，我为我国集邮的普及与提高做出了自己应有的努力。2012年，应宁夏回族自治区集邮协会的邀请，我去做集邮讲座，事后到宁夏邮政博物馆参观。结果出乎我的意料，整个博物馆除中国邮票以外，外国邮品只有一枚"黑便士"。"黑便士"邮票作为人类历史上第一枚邮票（雕刻版），在整个邮票史上有着举足轻重的地位，我认为一家博物馆只有一枚邮票稍显不足。因此，我主动向馆长提出，将自己收藏的"黑便士"邮票、"蓝便士"邮票、"红便士"邮票各一枚以及1840年的"黑便士"邮票实寄封、1841年的"红便士"邮票实寄封全部赠予宁夏邮政博物馆。年底，我参加宁夏邮协成立30周年活动时，将上述要捐赠的黑便士邮品打印好相关说明，乘飞机到了银川机场。之后，宁夏邮协的同志接我到了宾馆，我们正在谈话，突然接到牟秘书长来电话，问我行李箱是否被人拿错了。我惊讶地发现，眼前的行李箱与我的一模一样，仅多了一个密码锁。这事麻烦了！机场派出所通知我在宾馆等着拿错箱子的人过来。当那人来到后，我问他是如何拿错的。原来我们两个人的箱子颜色、大小都一样，而且是并排一起放在行李架上，结果下飞机时就拿错了。当他发现拿错后，立刻返回机场交给警察。警察打开我的箱子，清点物品，发现宁夏邮协成立30周年请我参会的请柬，于是赶紧打电话给邮协。一场虚惊结束了。后来离开银川返京时，宁夏邮协专门制作了一面锦旗，以感谢银川机场派出所。

同时，我还将1955年到2011年全部的集邮杂志捐献给了博物馆。从此，我和宁夏邮政博物馆结下了一段不解之缘。后来我也被聘为宁夏邮政博物馆的名誉馆长。

参展往事

我在邮票界有个称号——"鸟王"。说起邮票，我最爱的还是鸟类邮票，它们精致丰富、色彩鲜艳，一张鸟票可以让人细细品味许久。这么多年，我一共收集了3万多枚鸟票，差不多占到世界各类鸟票的93%。

与鸟票结缘的同时，也有一段我与邮展的往事。那是1982年，北京市邮协在全国首次举办"伟大的祖国 可爱的北京"专题邮展，我在集邮方面下了不少功夫。但第一次参加邮展，我却没得奖。因为当时不懂"专题"的概念，我参展的邮票没有主题，也不会编排制作，虽然收集外邮，却从来没有与外国人交流过，因此第一次参加集邮展览我只得了个纪念奖。

这件事令我印象深刻，也激起了我的好胜心。我开始钻研专题邮票，鸟类邮票成为我集中收集的对象。1983年第一次举办全国集邮展览，我的《认识鸟、保护鸟》展品获得铜奖，我十分高兴。

1985年，我与内蒙古的杨廷斌、上海的黄明心三人的作品由全国邮联推荐，去阿根廷参加世界邮展，最终都获得了铜奖。对于这个铜奖，我内心甚是喜悦，因为那是邮界"奥运会"的铜奖。和我的鸟类专题不同，杨廷斌的邮集是建筑专题，而黄明心的专题是欧洲美术史。从此，国内集邮爱好者开始在各大邮展上崭露头角。

1986年开始，我下决心做好专题邮集。从这以后，我一共完成了《鸟类的一生》《邮票上的366天》《国家瑰宝 世界奇珍》《母与子》等几部邮集的编排制作。这些邮集在国内参赛时大多都获得镀金奖以上，但在国外的邮展上只获得了铜奖、镀银奖等奖项。不甘心的我去请教了国际评审员梁鸿贵先生，他指出了我的问题，建议我去参观国外邮展。于是我决心"国际化"，走出去学习。

1995年，作为中国第一个自费出国参观邮展的爱好者，我动员了10位集邮者（包括我太太）自费去新加坡参观世界邮展。当时我与太太报名了东南亚三国游，但是我只去了泰国参观，之后大部分时间就待在新加坡世界邮展的展厅里，观摩、学习高水平展品的选题处理、外观和编排等。我与我太太从展厅一开门就进去参观，中午只买些点心、饮料充饥。看到人家高水平的展品，真是让我大开眼界。这次参观收获之大，无法用语言表达。

认识到自己与一流邮集的差距后，我逐渐提高自己在选题、创意和研究方面的能力。后来，我把我的鸟类邮品缩小为猛禽中的《鹰》专题，把从新加坡世展上学的知识灵活运用到新邮集去。果然，功夫不负有心人，1995年，我的展品第一次参加了印尼国际邮展就获得了大银奖。接着，1996年参加在北京举行的亚洲邮展，我一举获得了大镀金奖加特别奖。获奖整整升了三级，我太开心了！

正是这次收获，让我发现，扬长避短、"师夷长技以制夷"才是集邮中的必要课程。直到现在，国际邮展我基本都会去参观和学习。

随着集邮水平的提高，我的奖项也不断地增加。1999年，我获得北京世展的大镀金奖，从此一发不可收拾。2001年南京邮展，我又获得了全国的第一个专题类大金奖。

同一年，我的《鹰》邮集在日本世界邮展上又获得了金奖，这也是世界邮展专题类中国第一个获得金奖的邮集，这让我颇感自豪。

1999年在北京世界邮展上《鹰》
邮集获大镀金奖

1999北京世展获奖证书

2001年在日本世界邮展上
《鹰》邮集获金奖，这是中国专题
类在世界邮展上第一个获金奖

2001日本世展获奖证书

2004年在新加坡世界邮展上
《鹰》邮集再次获金奖

2004新加坡世展获奖证书

自1995年自费组团出国参观邮展后，这十多年来我先后到过印度尼西亚、泰国、澳大利亚、印度、日本、英国、南非、韩国、巴西和美国等（其中印尼、韩国、泰国去了两次）参观亚洲国际邮展或世界集邮展览。我常常带着问题去学习，有问题就去请教国际评审员，同时边参观边研讨，把见到的听到的记录下来，回国通过举办讲座、华夏邮会例会或者在华夏专题集邮会刊上刊登出来。我努力地把学到的东西向会员或集邮者介绍，使大家了解国际动态，获取集邮知识，共同提高进步。截至目前，华夏专题邮会有一千多名会员，在专题集邮方面水平比较高的，或国内和国外邮展获奖的集邮作者中，有一半是华夏专题邮会的会员。但是他们参展都代表各自的单位，并非代表华夏专题邮会，我们仅起到一定的推动作用。

雕刻情缘

作为一名资深的邮票爱好者，雕刻版邮票是我绕不开的话题。

我曾做过一个简单的统计，发现了雕刻版邮票的一些规律。从1949年到2011年，我国一共发行了1162套邮票，其中215套为雕刻版邮票。

但雕刻版邮票大多在新中国成立初期发行。在1949年到1967年间，国家发行了241套邮票，包括111套雕刻版邮票，占比46%。可是从1967年到2011年，我国发行的921套邮票中，只有104套为雕刻版邮票，比例仅占11.3%。

我想是因为雕刻版邮票生产时间比较长，工艺难度大，导致成本较高。在后期设备技术提高后，机器雕刻逐渐取代了人工雕刻，所以雕刻版邮票减少了不少。

从几十年的集邮经历看，我认为只要是懂收藏的人，都会收藏雕刻版邮票。因为在数不胜数的邮票中，雕刻版的特点非常明确，有着极高的不可替代性。

雕刻版邮票的美从工艺中就可窥得一二。雕刻师根据设计原图在钢版上利用点线的深浅程度、疏密程度进行雕刻，将弧形、0到180度的变化、用刻刀展现点线的变化和绘画性，将雕刻的艺术特点展现得淋漓尽致。

纵观全球，在各国邮票中，雕刻版邮票始终是重头戏。捷克、法国、英国、圣马力诺等欧洲国家，在制作邮票时都非常注重雕刻。除了国内的邮票，我也收藏了不少外票。这些国家的邮票能够长期闻名于世，与其精致的雕刻工艺有很大关系。

人工雕刻赋予邮票的独特性，带来了雕刻版邮票极高的防伪性和收藏价值。不仅工艺上复杂，雕刻版邮票在集邮者眼中也是特别的存在。如果长期保存，多年后品味雕刻版邮票和其他邮票，会发现雕刻版邮票比其他版邮票表现力更好。

和其他邮票不同，雕刻版邮票表面有凹凸感，触摸时能细微地感觉到。凹版邮票的制作是在小钢图上变凸，凸再印成凹，再印成邮票，得出的成品非常立体。

由于雕刻版的复杂和工艺，因此雕刻版邮票往往出现在重大选题上，例如国徽、国旗、人民大会堂等，这也加强了邮票的意义。

再次，雕刻版邮票的精妙之处还在于，常由名家设计与雕刻，黄永玉先生设计的猴票以及姜伟杰老师的雕刻，都在收藏界一票难求。

最后，雕刻版邮票的发行量一般不大，随之而来的是物以稀为贵，其升值空间也高。

"明知是假我也买"

雕刻版邮票最重要的价值在于，不容易仿造。

人工雕刻就像签名，永远不会签出两个同样的名字。我们集邮爱好者有门必须掌握的功夫——鉴定邮票。只要有一处不一样，我们就能确定它是假邮票。

如果问我最喜欢的邮票，非《黄山》邮票莫属。这套邮票由孙传哲设计，孔绍惠、孙鸿年、唐霖坤、高品璋四人合力雕刻。

仔细观察，你会发现邮票上的迎客松向一边倾斜，巍然立在山峰之间，宛如在伸手迎人。这枚邮票的构图也很巧妙，其背景为高雅景地，气势磅礴，后面的大山层峦叠嶂，因此被评为"国际最佳印刷奖"。从手艺看，其雕刻体现了山峦的起伏，从迎客松的树缝里还能依稀看到别处的山，非常有层次感。也只有雕刻版，才能做到如此。

正是靠着精致的雕刻，当邮票在放大镜下被放大24倍后，能让人清晰地辨别出真伪。假邮票乍看非常相似，但放大后，线条差异、露白、颜色不齐、部分图案模糊等问题都会显现。同时，放大后仔细观察栏线的角度和网点的角度，其真假也显而易见。

我买过不少假邮票，并非上当受骗。事实上，很多仿造邮票一眼就能看出问题。但随着现代科学技术的发达，仿制技术越来越高。去年，我花了6000元钱买了一枚国外进来的T.46假猴票，回家后与自己收藏的真邮票进行对比，我放大50倍，发现无论是猴头发的亮度、凸感、雕刻线条、眼眶以及手上的金粉都与原票有较大差别，实属伪品。但这种买假票的经历不仅能够让我发现真邮票的美，也能了解目前市场上高仿制技术的发展，同时帮助其他邮友进行分辨。

  总之，看了67年的邮票，我至今没看够。邮票对于我而言，不仅是一生的爱好，也是自己一生的折射。

  现代通信技术虽然发达，但小小的一枚邮票绝不会消失，它们承载的不仅是每个时期的工艺和审美，也包含了每个时代的故事。我希望有更多的人能够加入我们，发现邮票之美。

（陆涵之 / 文字整理）

三界通感，藏成一家

李近朱 口述

谈及不同领域的相通以及无师自通，学者钱钟书先生提出了"艺术通感"的概念。

回顾我取得一些成就的领域——集邮、电视、音乐（我的专业是音乐，职业是电视，爱好是集邮），我感受到了"功夫

李近朱先生

往往在戏外"这个道理。这三个领域构成了我的整个人生。这三个领域又各独有成，却又互为作用，互相促进。

说到我的集邮爱好，虽说集邮就是玩一玩，这"玩"却也有深厚的蕴涵与学问。

集藏童趣

1945年，我出生在天津，父亲一直在上海工作。那个年代，信件往来是连接两地亲人的唯一方式。在频繁往返的信封上，我发现了

精美的邮票。于是，一枚两枚三四枚，我开始收集起来。当时，父亲还从上海买一些邮票寄给我，有意无意地培养了我的集邮兴趣。我是家里的老大，又是独子，由于父亲的偏爱，我的集藏渐渐成了气候。那时我10岁，家庭的影响成了我集邮的开端。

20世纪50年代，儿童的生活相对比较闭塞，那时没有电视，更没有电脑，报刊书籍也很有限。就是第一次打电话，我都不知道怎么操作。那时，娱乐活动也不多，除了玩球，就是玩邮票，玩画片，跟现在不同。现在吸引孩子们的东西太多了，但关注邮票就少了。

那时候，集邮的孩子非常多，一个班上能有50%都在集邮。只不过有的人坚持下来了，有的人却坚持不下来。我们班上还成立了集邮小组，大家互相交换邮票。那时候，娱乐少，文化活动也少，最主要的文化娱乐就是看"小人书"，也就是连环画。我把邮票也当成了小小的连环画。

有一件事我印象很深刻。那就是邮票在方寸尺幅之间，给了我很大的自信。大概在小学五年级的时候，有一次老师提问"太平天国"起义的时间。大家学是学过，可是因为贪玩，忘了。但我还是马上回答出来了：1851年。老师说："你答对了。"我是怎么记起来的呢？那是因为集邮。我记得好几年前的1951年发行过一套邮票，叫作《太平天国金田起义百年纪念》，共有4枚。我收集到了其中的一枚，因为喜爱，我仔细端详了半天，所以我记住了1851年。那么，太平天国起义100周年，只需上推100年，自然就能得出"1851年"这个答案。

集邮时间越长，我就越能体会到：学习分两种，一种是教科书式的学习，一种是带着兴趣的学习。对于带着兴趣的学习，因为感兴趣而喜欢和投入，就像童子功一样，信息知识就能记得特别牢，比按部

纪12《太平天国金田起义百年纪念》

就班的课堂学习要记得深刻。那时我就意识到，集邮不完完全全是把邮票集多了或是集全了。富于美感的邮票，不仅仅是寄信用的邮资凭证，它的背后还蕴藏着丰富的知识。

从那以后，我收集邮票就向着欣赏邮票和研究邮票方向延伸。通过集邮，我收获很大，以至于在我以后的工作生活中受用不尽。

结缘音乐

邮票是在方寸之间演绎文化深蕴的微型艺术。从集邮开始，邮票激发了我童年、少年时代的广泛爱好。文学、绘画、音乐等等，课堂以外的许多东西我都喜欢。我第一篇发表的文章是1959年写的，那时我14岁，文章标题就四个字："儿童邮票"，总字数才123个字。这篇文章虽短，但也让我在写作上找到了自信。那时候精力充沛，我还参加了学校里的合唱团。

　　一个偶然机会，我正式与音乐结缘。那是初中毕业前的一天，老师把我叫进办公室，说音乐学院附中的老师来了，让我过去看一看。过去之后，那个老师问我喜欢音乐吗，我说喜欢。他又问我能不能给他们唱首歌，我就唱了一首歌，记得是《社会主义好》。唱完，我就若无其事地出去玩了。

　　没想到才过两三天，学校就通知我，让我去天津音乐学院附中复试，并说音乐附中想录取我。当时我就懵了，我根本没有想到要去学音乐。复试时，老师让我们听听音，又让我们写了一篇作文。我给自己出了一个题目，叫作《我和音乐》。没过几天，我的录取通知书就到了，那时其他同学都还在准备高中考试。

　　音乐之路也并非一帆风顺。到了音乐学院附中，我先学打基础的作曲专业，同时又学了钢琴、乐理、和声、复调、作品分析等必修课。临上大学前，我感觉我的思维能力不在音乐上，而在文字上。记

李近朱先生书柜一隅有很多他撰写的音乐著作

得当时专业老师让我们作曲，我怎么也作不好。毕业演出时，我创作了一个管弦乐曲，叫作《雷锋组曲》。老师问我其中一段音乐表现了什么。我说："表现的是解放以后小雷锋高高兴兴去上学的场景。"老师说："你的曲子根本不是雷锋去上学，而是莫扎特的'小步舞曲'。"当时一下子就把我打击得够呛。

所以，上大学之后，我毅然决然地改了专业，选择学习音乐史论，走向我最擅长那个部分，即用文字来分析和描述音乐。在这期间，我对集邮也并未中断，并且自觉不自觉地专门收集起各国发行的音乐邮票来。这是我人生结缘于音乐，也是我集邮走向音乐专题的开始。

"误"入电视

大学毕业以后，我们正赶上"文化大革命"时期。之前，学生毕业后，能直接被分配到对口的工作单位。但是，到了1970年前后我们毕业时，周总理有远见地指示，这批大学生不要分配，应该把这些人才先储备起来。于是，就将我们"储备"到了天津市郊的一个炮兵农场。干了3年农活后，我们开始等待分配工作。

我被分到了当时称作"北京电视台"的"中央电视台"。现在看来机会似乎不错，但当时分到这样一个媒体，我不太愿意。因为，我更愿意从事音乐专业的研究工作。

分配结果已定，到了台里，我开始给纪录片配音乐。做这些，我总感觉是个辅助性的工作，没有创新。所以在工作中，上级征求意见时，我谈了一些自己的想法。最后，台领导说我能够做两件事，不要只做一件事。我问什么意思，他说我能做音乐，同时也能做电视编导。我说我一天都没有学过电视，我不行。他说你可以。

误打误撞，我开始做了电视编导。从《话说长江》后期开始，到《话说运河》，我的角色完全转换了，我所做的电视工作跟音乐已经没有多少关系了。回想角色的成功转化，其实，我觉得，音乐和集邮功不可没。

三界通感

记得1984年，我第一次制作完电视片，交给总编导审看。他马上召集所有人员，让大家看看我做的片子。他说，李近朱一天没学过电视就能做成这个样子。大家一看，做得不错，就问我这个片子怎么做出来的。其实，我也不知道，我全靠一种感觉。

① 李近朱先生在其执导的《齐白石对话毕加索》西班牙开机仪式上
② 执导纪录片间隙，李先生不忘集邮的爱好

多年以后，我做了总编导以后，台里让我给大伙儿讲一课。我讲的就是，我没有学过电视，为什么能够创作出许多优秀的电视作品。我归功于"看得见的学习"和"看不见的潜移默化"。实际上，在电视创作中，我把音乐上的感触全部融进去了。因为电视是画面艺术，剪辑需要节奏，音乐也是有节奏的，我就利用电视和音乐内在规律的共通性，将二者融合在一起了。这就是钱钟书先生说的那个"通感"。

其实，这个东西是说不清道不明的。有的，看得见；有的，是看不见的。大家说我无师自通，没学过一天电视，结果我的第一部片子《话说运河》的第一集《漂来的北京城》就引起了关注，并且在《话说运河》的新闻发布会上率先播放了我的这个片子。当时，跟我一起工作的编导，都是广播学院（也就是传媒大学）的毕业生，但最终在新闻发布中使用的示范片，是我的第一部电视作品。我想，原因就在于，我将多年来电视之外的艺术文化的积累，用到了电视上。

通感还不止于此。贯穿我学习工作的还有集邮。真正让集邮从爱好变为一个有使命感的事业，让我从普通爱好者变为有成就的集藏家的，还得益于电视和音乐的影响。因为音乐，我的集邮爱好很快就转到了音乐专题集邮上来，我的集邮开始有了主题，成了体系。

慢慢地，我开始明白，集邮必须要聚焦，就像拍摄一样，需要聚焦到一个目标上。目标小了，成绩才能大。如果全世界邮票什么都集，中国邮票也想集全，那是集不过来的。

于是，我定了两个目标：一是集齐新中国的邮票，另一个就是聚焦到西方音乐史，尽量集齐世界各国发行的名音乐家邮票。自第一枚音乐题材的邮票于1889年发行以来，世界各国发行的音乐家邮票，我收集到了90%以上。

集邮家几十年的集藏习惯

此后，在集邮方面，我向着深化的方向走去。我编组的第一部专题邮集叫作《维也纳的音乐故事》。我把音乐邮票和"音乐之都维也纳"这个主题结合起来，整个编组过程又调动了我的电视编导的画面语言功力，形成了独特叙说的风格。

集邮，让我养成了集藏习惯，让我有机会保留了一些被忽视的珍贵物件。如在拍摄《话说运河》时，我萌发了一个创意，即让运河作家写运河。我将运河沿线的著名作家如刘绍棠、冯骥才、蒋子龙、李存葆、汪曾祺、高晓声、陆文夫等人请来撰稿。那时还没有电脑，作家们就一个字一个字地手写出来。于是，就有了作家的手稿。这些作家的手稿，被我保存下来并收藏起来。现在回头看，那是因为集邮，我慢慢培养起来一种集藏习惯，所以不自觉地就形成了一种集藏观念，才有了在今天看来很珍贵的集藏。这虽像是"捡破烂的"，但却让我收获了意外的惊喜。

集邮、音乐、电视，这三个世界，就这样互相沟通起来了。

集藏视野

我的三个世界的结合，让我形成了相对广阔的视野，也让我有了很多新的发现，新的收获。

1950年，民主德国发行了一套纪念巴赫的邮票。这套邮票虽说是单色印刷，但五线谱上的四个音符十分了然。当时我认为，这无非

PER ASPERA
AD ASTRA

A COSSMANN

EX LIBRIS
JOSEF
FISCHHOF
WIEN

大提琴演奏家雕刻版藏书票

① 德国音乐家瓦格纳雕刻版藏书票
② 奥地利音乐家莫扎特雕刻版藏书票

就是设计家认为巴赫是个音乐家，便用五条线、四个音符作为音乐家的设计而已。我并未去探究其中的蕴涵。大概过了三四十年，闲暇之时，我突然发现了这四个音符背后的秘密。我发现当时设计师刻的这四个音符分别是：西、拉、多、降西（简谱为7、6、1、ᵇ7）。一下子我就豁然开朗了，因为这四个音按照音乐专业规定，每个音都有一个对应的字母命名，即B、A、C、H。这四个音的字母拼起来就是"BACH"，正好是"巴赫"德文名字的全部字母。突然间，我想起巴赫曾经用自己的名字写了一部曲子。我立即就翻出音乐史，果然查到了这个作品。邮票那么小，但是让我们挖掘出了这么多知识，而且是我在课堂上学不到的。这个获得的关键还在于去研究，去发现，由此，集藏的视野才会愈益扩大。

我从来不认为邮票是一个简简单单的爱好，它的背后是有知识、有艺术的。邮票是邮政发行的，邮政是一个国家主权的象征，是一个国家的名片。中国邮票上的四个大字是"中国邮政"，就是国家的象征。

也正缘于此，邮票才有了自己的特点。体现在内容上，它必须是正确的、准确的、科学的，一点儿不能错。像《全国山河一片红》邮票，因为出现了中国地图，那是决不能出错的。出了错，就要停止发行。在艺术表现上，也不能是二流三流的，必须是高水平的，一流的。因为，邮票是在塑造国家形象，这是一个神圣的职责。

习近平主席出访英国，一般是把中国的苏绣、瓷器等中国工艺品当作国礼。但是这次习主席访问英国带的国礼很小巧，很轻松，他就带了一本邮票册，送给英国女王三套邮票。第一套邮票的主题是长城，第二套邮票的主题是故宫，第三套邮票的主题是兵马俑。这三套邮票，完美地在英国贵宾面前将中国的形象完美表现了出来。

李近朱先生收藏的《外国音乐家》雕刻版邮票

文物是人类发展历程的重要载体。将来，许多传统的东西会随着时代的发展与进步而被淘汰。邮票也可能因为通讯的高度发展而不再发行了，邮票消亡或许是个趋势。但是，以邮票见证消亡之前的这段历史，则是最生动的，最有价值的。因为，邮票已经是文物了。我们这些集邮者的子子孙孙，会不会有集邮的？一定会有的，就像研究文物一样，几百年以后，一定会有人来研究我们现在发行的一套套邮票。这是我个人的看法。邮票的现状是使用价值逐渐萎缩，集藏价值逐渐上升，因为邮票有文物价值，它的集藏行为永远不会消亡。

线条力量

雕刻版邮票是邮票集藏中最重要的一个组成部分。在世界范围备受关注的品种，也多为雕刻版邮票。根据我的集邮经验，20世纪五六十年代中国的邮票，80%以上都是雕刻版邮票。中国在雕刻版上很有传统，邮票也应当很好地体现这样一个传统。

雕刻版在艺术当中手段看似简单，但却最为复杂。因为它是仅仅运用一个要素来表现画面、刻划形象的。这个最重要的元素，就是线条。雕刻，就是用线条来造型，来达意，在艺术上的要求是很高的。中国几代雕刻艺术师，在邮票雕刻上如何用线条来创作，是下了一个多世纪的功夫的。

邮票还有一个称呼，叫作"方寸天地"，也可以叫"寸幅空间"。邮票雕刻版艺术家所面对的空间，是非常非常小的。中国有微雕艺术，如果邮票作为一幅画来看，它也算是微雕了。

每当拿放大镜仔细观察雕刻版，就会发现线条所展现出来的艺术力量，是很难被替代的。简洁的线条，有力度的刻画，古朴的风格，如何把场面的气氛、人物的表情刻画得生动，对于创作者都是极大的考验。用放大镜观看其他版式邮票的时候虽然也很清楚，但是不如雕刻版那么逼真直观、淋漓尽致。我想这就是线条将人们带到了既定的意境之中吧。

除此之外，雕刻版并不是排他的艺术，它的包容性很强。雕刻线条的力量，不完全决定于线条本身，它还可以和他表现手段相融合。我没有见过胶版和影版印制结合在一起，但经常看到影雕版、胶雕版。雕刻版可以接纳其他表现形式，融合就是一个创新。

中国邮票要有中国邮票的风格，这个风格到底是什么？仁者见仁，智者见智。我个人认为，确立中国邮票的国家风格，一个很重要的基点就在于如何弘扬线条的力量，让具有中国艺术传统的雕刻版再

2017-22《外国音乐家》（二）

振雄风。再振雄风不等于重复过去，可以有新的东西，需要新的思索。创新，才是艺术创作的起点和落点。

1959年老舍先生给集邮爱好者写了一首诗，第一句和第二句就说明了集邮的文化本真，他说："集邮长知识，爱好颇高尚。"

我觉得，集邮就是有这个好处：长知识。另外，我对于集邮还有一个评价，就是"高尚"。集邮是一个高尚的爱好。西方人说集邮是"王者之好"。这个"王"，我倒不认为是说集邮的人地位有多高，财富有多大，也不是说集邮者是一个贵胄王族式的富翁。实际上，集邮能带给每一个人不一样的生活方式，不一样的人生，这个生活方式和人生充溢着文化与艺术的高贵和优秀，这便是集邮王冠上最闪光的亮点。

（王新一／文字整理）

集邮使我的人生多姿多彩

冯舒拉 口述

谈起集邮，先要说到我的父亲，他是一位参加过抗美援朝的老兵，在朝鲜战场上是侦察通信兵。部队转业后，他到了邮电系统工作，也是位邮票收藏者。从见到父亲收藏的那些信销

2013年10月26日在卡塔尔国家集邮俱乐部

邮票起，设计精美的邮票图案就深深吸引了我。1975年，我也开始收集信销票，集邮就这样开始了，直到今天，从未停歇。

专职集邮爱好者

我于1979年9月参加东阳县邮电工作，当时被分配到了浙江省东阳县千祥一个农村邮电支局，岗位是邮政营业员，做学徒。由于我在学徒期间学习工作刻苦认真，两年学徒期满，应知、应会考核成绩优异，县邮电局领导就选送我参加1981年10月浙江省邮电管理局举办的第一期邮政业务管理员培训班学习。这是"文化大革命"结束后，

全国各行各业重新恢复正常工作后举办的首期业务管理培训班。

培训班结束后，1982年初，局领导就调我到县邮电局邮政股任邮政业务管理员，从此我走上了邮政管理岗位。从邮政业务管理员到主持工作的副股长、股长、邮政科长。1993年，上级局调我到浙江省义乌市邮电局任党委委员、副局长，分管邮政、支局所基本建设工作。1998年，邮电体制改革，全国实行邮电分营，上级局安排我到新成立的义乌市邮政局担任首任局长、书记。2005年，我又被调入东阳市邮政局任局长、书记。

2008年2月，我被中国邮政集团公司借调到北京总部办公室，参与北京2008年奥林匹克博览会筹备工作，担任集邮展览部副主任（时任集团公司邮票发行部副总经理邓慧国任主任），在奥博会组委会筹备组的领导下，具体负责奥博会集邮展览中的所有事务，同时担任奥博会集邮展览总征集员。奥博会结束后，因为工作出色，我被留在了北京集团总部，分配到集团公司邮票发行部，具体负责票品审核处工作。2012年，我调回浙江省义乌市邮政局，任处级调研员。2017年办理退休手续。现在的我，是一位名副其实的专职集邮爱好者。

集邮家之路

四十多年来，我无论在哪里工作，在什么岗位，始终不忘的爱好就是集邮，这是我的初心；在各个邮政管理岗位上，我矢志不渝地支持集邮事业的发展，为集邮爱好者服务的初心也始终没变。1985年，在邮政股长岗位上的我就发起成立了东阳县集邮协会。1986年，我邀请我国著名集邮家张包子俊和居洽群两位老先生从杭州到东阳做集邮知识讲座。不管自己在担任局长、书记岗位上工作有多忙，只要逮住机会，我就始终不忘向各位前辈请教集邮专业知识和编组邮集的技巧。

①

②

①《邮海求索》
②《新中国邮票上的建筑·中国古代建筑》和《新中国邮票上的建筑·中国近现代建筑》

1996年，我赴杭州，拜集邮家林衡夫先生为师。在这之前，我的集邮水平一直局限在省内，与全国邮展无缘。在林衡夫师傅的指导下，我编组的邮集水平有了较快的提高，跻身到了全国邮展行列。我编组的第一部航空邮集《14号泛美国际航空邮路》在浙江省、全国邮展上获得大镀金和镀金奖后，2003年被选送参加在四川绵阳举行的亚洲国际邮展，并获大银奖。通过自身的努力，在前辈和邮友们的帮助下，这些年我的集邮水平也有了较快的提升。到现在为止，我已经编组了航空、邮政史、邮政用品、专题、传统、极限、现代类近20部邮集，在这些邮集中有世界、亚洲、全国和省市邮展上获大奖的邮集。

与此同时，我还在集邮文献、书籍编著方面也作了一些尝试。2013—2015年，我在这三年中编著了《邮海求索》《新中国邮票上的建筑·中国古代建筑》和《新中国邮票上的建筑·中国近现代建筑》这三本集邮书籍，后来分别由中国邮电出版社和清华大学出版社公开出版发行。《新中国邮票上的建筑·中国古代建筑》还被全国文献集邮研究会评为“2015年全国十佳集邮图书”。目前，我任主编，创办了一份北京市西城区集邮协会会报《西城集邮》，为西城邮协会员提供了一块集邮文化园地。

由于我在发展集邮事业上做出了一点成绩，中华全国集邮联合会在1992年和2002年两次授予我"全国集邮先进个人"称号。2011年和2014年，我又分别被授予中华全国集邮联合会会士和国家级邮展评审员，使自己从一位普通集邮爱好者成长为一名真正的集邮家。

2017年4月8日舟山邮协集邮学术讲座

难忘"奥博会"邮展

说起集邮工作中最难忘的经历，一是我十分荣幸地参与了"北京2008年奥林匹克博览会"组织筹备工作。虽然这届博览会已经成功举办十多年了，但当时的一幕幕仿佛就在昨天。一个人的工作能与世人瞩目的第29届北京奥运会连接在一起，这是多么幸运的事，这都缘于我喜欢集邮！

2008年2月进京后，我进入临时设在北京和平门、原中国集邮总公司大楼内的奥博会筹备组，被分配到集邮展览部担任副主任，同时担任"北京2008年奥林匹克博览会"集邮展览总征集员，负责奥博会集邮展览全部事务。本届奥博会集邮展览共展出了来自世界29个国家（包括中国在内）和国际奥林匹克博物馆、中国邮政邮票博物馆提供的馆藏珍品和外交部集邮协会提供的邮集226部，1100框。

本届奥博会在世界集邮展览上创下了四项集邮展览史之最。

一是邮集展框的设计、制作、款式别具一格，彻底改变了以往集邮展框的老面孔。将展框设计成一枚枚精美的邮票，展框外形喷印上邮票齿孔，展框内的一张张邮集贴片，犹如一枚枚漂亮的票中票，给观众一种全新的视觉冲击，从而创下世界任何一届邮展之最。

二是《集邮展览目录》和《获奖邮集目录》的精美设计、内容编辑方法的创新和印刷质量、制作工艺上乘，创国内外任何一届邮展之最。

三是邮展奖牌的款式设计精美、庄重、有创意，材质档次高，镀金奖以上的奖牌采用在铜质材料上镀金，创国内外任何一届邮展之最。

四是邮展时间自8月8日—18日，持续了11天，创任何一届邮展之最。

集邮展览是奥博会中最重要的组成部分。筹备时间仅5个月，在奥博会组委会、筹备组领导下，我和集邮展览部同事在规模大、档次高、时间紧、人员少、任务重的情况下，夜以继日、奋力拼搏，最终取得圆满成功，受到各位领导的高度好评。我也非常珍惜这样的工作机会，并以高度的责任感、使命感和荣誉感，把首届奥博会的集邮展览办得非常成功。鉴于我个人的特别贡献，颁奖晚宴上，本届奥博会邮展评审委员会秘书长，来自波兰的Roman Andzej Babut先生，拿出一本事先制作好的证书，走到我的面前说："在这届奥博会集邮展览中，你的出色组织协调和工作能力，使中国奥博会集邮展成为奥林匹克迄今为止最好的集邮展览，你为我们各国的征集员、评审员提供了很好的服务，我们非常满意，感谢您！我代表全体征集员和评审员为你颁发'波兰奥林匹克集邮特别奖'，这也是对你以及在你领导下优秀团队的高度赞赏。"

国际奥林匹克委员会终身名誉主席胡安·安东尼奥·萨马兰奇先生和奥博会总协调员曼弗莱德·伯格曼先生高度评价："'北京2008年奥林匹克博览会'的集邮展览是国际奥委会历届集邮展览中最成功、最完美、最具特色的一届，中国邮政为今后世界各国举办奥林匹克博览会开创了先河，树立了楷模。"

邮缘　有缘

作为一名普通的集邮爱好者，能有机会到中国邮票发行部门工作，是做梦也想不到的事，把业余爱好变成工作，这是我人生的重要转身。我被安排到邮票发行部票品审核处当负责人，在邮票发行部邓慧国总经理的领导下，除了完成票品审核处职能工作外，还创造性地做了一点儿事。

首先，我创新了中国邮政对邮票发行的宣传推广工作。如2009年发行《唐诗三百首》邮票时，为将这套邮票很好地推荐给全国的集邮爱好者，我大胆地向领导提出了一套自上而下全国联动的新邮发行宣传推广方案，从而创新了邮票宣传推广理念。

其次，我创立了邮票发行部独立审批使用的新邮发行宣传经费，解决了长期以来集团公司总部层面新邮发行不宣传、也无专项宣传费用的局面。具体如下：我恢复了《新邮预报》宣传资料；2010年1月5日发行《庚寅年》邮票时，全国广大集邮爱好者除欣赏到第三轮虎虎生威的虎年邮票外，又惊喜地获得了久违的《新邮预报》，而且《新邮预报》也与时俱进，更具有时代感，印刷也更精美了；中国邮政集团公司与《人民网》联合创办"集邮论坛"栏目；重大题材的邮票发行制作相关的电视宣传推广片；我还争取了新邮发行在央视《新闻联播》或《朝闻天下》栏目播出；并且我还创办了"集邮手机报"，每月两期为全国20万留有手机号的新邮预订用户推送新邮信息和资料等。这些宣传举措的推出，不但使新邮发行的知名度在社会上得到了很大程度的提高，也深受全国各地集邮爱好者的交口称赞。

因工作关系，我经常去中国集邮总公司、邮票印制局、中国邮政邮票博物馆。刚开始几次去邮票印制局，当见到著名邮票设计家、雕刻家王虎鸣、任国恩、杨文清、史渊、阎炳武、姜伟杰、呼振源、李庆发等老师时，我心中的喜悦和激动无以言表。以前我只能在集邮报刊上看到设计家的名字，根本不可能有缘见面，这时我却能与他们一起聊集邮，话邮票，喝小酒。

更有缘的是，2008年12月，我被分配到集团公司邮票发行部，具体负责票品审核处的工作，这就有了与现任邮票印制局马丕中局长一起工作的经历。

中国邮政集团公司邮票发行部共有4个处，马丕中局长时任邮票印制监管处处长，负责邮票的印制工艺、技术研发、业务管理和票品印制的监管工作。这个处的工作非常重要，它的工作好坏直接影响中国邮票印制工艺和质量水平的高低，它要将邮票设计家的设计思想、理念、工艺和精美图案印制成实物，完美呈现给广大集邮爱好者。作为科班出身的马局长，在印制工艺方面是位行家里手，他懂业务，善管理。我对马局长的印象是，他沉默寡言，沉稳干练，见解独到，对问题的看法一针见血，对工作严格认真，一丝不苟。他在与邮票设计家以及我们一起共同探讨邮票印制工艺时十分谦虚，喜欢听取各种不同（包括我这个外行）的意见和建议，对处里新同志的培养和传帮带方面更是细致入微，毫无保留。他是一位中国邮票印制行业不可多得的技术型领导。

一枝独秀

雕刻版邮票在邮票中和广大邮迷中的地位是毋庸置疑的，在邮票中，它绝对是一枝独秀。雕刻凹版邮票以线点深浅、疏密、粗细的特殊工艺和特有的语言表现力而独具魅力，一直受到广大集邮者的喜爱和追捧，是有较大升值空间的邮票。由于雕刻版邮票比胶版和影写版邮票的防伪性强、生产周期长、工艺难度大、人工成本高、发行量较少，故被称作邮票中的"珍品"。

邮票雕刻版的美，体现在以其精湛的雕刻线条、点线的巧妙结合、凹凸的画面质感使得邮票图案中的人物、动物栩栩如生、神态逼真，从而使集邮爱好者爱不释手。雕刻版邮票的工艺过程十分复杂，需要雕刻师按照邮票图稿，运用手中的刻刀，一点一线地雕刻完成，不能出半点闪失。从雕刻版邮票的选题看，大都为人物、名山大川以及十二生肖方面的选题。这些年发行的生肖邮票就是一个非常有力的证明，它深受广大集邮爱好者的喜爱。其中，姜伟杰老师雕刻的代表作——1980年发行的《庚申年》猴票家喻户晓，深受国内外集邮爱好者的喜爱。

说到雕刻版邮票，新中国第一代雕刻家们的作品是雕刻版邮票的高峰，这些艺术家的雕刻功底深厚，技艺精湛，所雕刻的邮票，线条精细缜密，一点一画飘逸灵动，被集邮界视作雕刻邮票中的经典。

近年来，在我国邮票雕刻师中，更是新人辈出。年轻雕刻师的创作独具匠心，刀法细腻，体现了新时代的色彩。现在第三代、第四代邮票雕刻师已经成长起来，开始在中国邮票雕刻、设计这个大舞台上施展抱负，用他（她）们的艺术作品来展现时代风貌。这些年轻人是中国邮票雕刻、设计界的新锐力量和忠实传承者。

雕刻版邮票比胶版和影写版邮票的生产周期长，工艺难度大，成本高，故雕刻版邮票发行较少。我非常期待我国新老邮票雕刻家们有更多的艺术创作，大家一起辛勤耕耘，为中国乃至世界广大集邮爱好者奉献更多的雕刻版邮票佳作，并衷心祝愿雕刻版邮票这棵常青树青春永驻。

"华邮国宝" 红印花小字当壹圆四方连

刘建辉 口述

1999年的世界邮展，蜿蜒曲折的队伍成为2号展厅的一道亮丽风景。这是什么邮票，会让观众等上一两个小时才能一睹它的芳容呢?

印花票变珍邮

清光绪二十二年，也就是1896年，在维新派的积极建议下，3月20日，光绪皇帝正式批准开办大清国家邮政。同时，邮资计费单位也计划由原来海关邮政时期的银两制改成银元制。新的大清邮政银元制面值邮票已委托日本和英国厂商印制，但由于新邮未能及时运到，而邮政业务又急需用邮，大清邮政当局便将1896年委托英国华德路印刷厂印制的、因故未能使用的海关库存的印花票加盖"大清邮政"以应急需。因印花票为红色，故集邮界统将这批加盖票称为"红印花加盖票"。

"红印花加盖小字当壹圆"则是这批"红印花加盖票"中的珍罕之品。原来，红印花加盖"当壹圆"是最早加盖的，最初先试盖了两整张，计50枚。大清邮政当局嫌加盖的"当壹圆"字体太小，决定改用大字"当壹圆"字模。于是，"红印花当壹圆"邮票就有了大小字之别，因为小字"当壹圆"邮票只加盖了50枚，而存世只有区区32

红印花小字当壹圆四方连

枚。在32枚"红印花小字当壹圆"加盖票中，四方连仅有一件，因此这枚"红印花小字当壹圆四方连"成为蜚声海外的"东半球最罕贵之华邮"！

"红印花"的中心图案为阿拉伯数字"3"，数字下方缀英文"CENTS"，四周围绕对称装饰花纹，上方横排英文"CHINA"，下方横排英文"REVENUE"，红色底图，白色纹样。"红印花"为雕刻版印制，雕刻精细，富有疏密、深浅层次，网纹清晰，采用无水印白色厚纸印刷，质地柔韧不易破损，有背胶，胶厚微黄。"红印花"体现了当时精湛的雕刻版印制水平。虽然，"红印花"本身并非正式邮票，但却是中国作为邮票使用的第一套官方发行的（雕刻版）代用邮票。

这批红印花加盖邮票的加盖数量约65万枚左右，加盖面值共5种，其种类和面值为：加盖小字贰分、肆分、壹圆；加盖大字壹分、贰分、肆分、壹圆、伍圆。待正式的邮票发行后，大部分"红印花"都被政府销毁。

华邮珍宝"红印花"

红印花加盖邮票面世7个月后便退出历史舞台。后据考证，红印花原票仅流出53枚，存世极少，被列为"华邮四宝"之首。

德国人费拉尔，年轻时在法国学习绘画，1892年进入清朝海关造册处任邮票绘图员，从事设计和绘制邮票图案工作，同时参与监印邮票。他曾受命参与"万寿""蟠龙"等邮票的设计印制。1896年，这批红印花票由德国人费拉尔监督加盖，他为自己留下了唯一的"红印花小字当壹圆四方连"。

近年来，邮学家研究后得出一个结论，"红印花小字当壹圆"实际上是试盖样票，加盖数量为两整版，共50枚，没有公开出售，是被以监印加盖邮票的费拉尔为首的少数人瓜分了。费拉尔共买得7枚，包括1件四方连，3个单枚。

这件原由德国人费拉尔"监守自盗"的华邮珍宝，在1904年费拉尔去世后，由他的遗孀秘藏，历经20年无人知晓，直到1924年才披露于世。

拳拳报国心

20世纪20年代的上海，集邮氛围浓厚，集邮界的重要代表人物为周今觉。1923年，已45岁的他开始集邮，1925年，又发起成立中华邮票会，同年创办会刊《邮乘》。

1924年，"小字当壹圆四方连"先被上海英籍邮商施开甲得知，并告诉周今觉。周今觉托施开甲向费拉尔遗孀求购，费妻不肯转让。周氏费尽苦心，谋划了3年，于1927年以2500两纹银购得，创造了当时中国邮票买卖的最高价格。周今觉因购得"红印花小字当壹圆四方连"这件最罕贵的孤品而享誉"华邮之王""邮王"之美称。周今觉不仅在华邮研究方面做出了杰出贡献，而且还为提高华邮的国际地位始终不懈努力。他多次在国际邮展中被聘为董事、评审员。1936年，纽约"万国邮票展览会"无视中华民族的尊严，公然要把华邮降格为镀金奖级。周今觉闻知，愤然撰文斥责："华邮降级，实为美国侮辱我国之见证，如该会不更正此点，余不愿担任任何名义，并不愿为丝毫之赞助，苟来聘书，当力掷还之"，"吾为美国邮界羞之"！最后该邮展答应将华邮升为金奖级，他才答应担任评审员，但未出席。可见其拳拳报国心，感人肺腑。

20年后，周氏年迈，身体不佳，集邮兴趣衰退（另有赵人龙先生一说为周今觉家庭遭遇变故），于1947年将这件华邮珍宝以330两黄金让与中国集邮家郭植芳。

1948年，郭氏移居美国，这件珍宝也跟随他漂洋过海到美国。从20世纪50年代起，郭植芳陆续将邮品转让，唯有这件价值连城的四方连他不肯出手。

1967年，郭氏病逝，他临终前，叮嘱其妻要把这件华邮珍品转让给中国人收藏，宁愿价钱便宜让给华人，也不以高价卖给外国人。郭死后，其夫人刘兆珊女士恪守其夫遗愿，对前来购买的外国邮商、集邮家一律谢绝。在20世纪80年代初，香港集邮家林文琰欲谋这枚华邮孤品，当时郭植芳夫人坚持让邮票新主人必须承诺"不售让与外国人，也不交付拍卖"，答应这两个先决条件，珍邮才能转让。林文琰于是向她承诺，终获梦寐以求的珍邮。

1982年2月，香港集邮家林文琰先生以30万美金将这件四方连珍宝从美国购回，使这件在海外流落几十年的华邮珍宝回到香港。而在寻觅这些邮票的过程中，中国集邮家表现出的崇高的爱国热忱，已在国内外集邮界传为美谈。1999年的世界邮展上，这件"红印花小字当壹圆四方连"首次踏进我国承办的世界级集邮展览的殿堂，向世界邮人一展其芳姿，参观者络绎不绝。因为这次世界邮展，也使一个人和红印花邮票结下了不解之缘。当他目睹了"红印花小字当壹圆四方连"的震撼后，他开始收集拍卖会上各种红印花及红印花加盖票。终于在2010年，他将这件华邮珍宝从香港携回上海，这枚"红印花小字当壹圆四方连"经过六十余载的海外漂泊，终于重归故里。他就是来自"红印花小当壹圆四方连"诞生地的上海集邮家——丁劲松。在获得"红印花小字当壹圆四方连"后，丁先生颇为感慨地说："收集中国古典珍邮，原来纯粹是个人爱好，但现在我感到的是责任！与其说是拥有，还不如说是守护。"

"红印花小字当壹圆四方连"于1897年问世后，直到30年之后的1927年，才被中国人购藏。在此后的近百年间，"红印花小字当壹圆四方连"经过周今觉、郭植芳夫妇、林文琰、丁劲松等几代人传承，守护至今。百余年沧桑，收藏这件华邮珍宝的中国集邮人各领风骚。周今觉不仅是首位收藏小壹圆四方连的主人，更以致力邮学研究、弘扬华邮、嘉惠邮坛而被尊为"邮王"。郭植芳"誓将瑰宝让于华人"的赤子之心，令邮人动心，受邮人称誉。林文琰"独乐不如众乐"的集邮理念，多次携国宝于邮展露面，让天下邮人一睹"红印花小字当壹圆四方连"的珍品之善举，在邮坛传为佳话。

"华邮至尊"见证了邮政历史，积淀了民族文化，产生了迷人的魅力，推动了集邮发展。故此，其宿主负有守护责任。"不售让与外国人，也不交付拍卖"，承诺寥寥数语，实则深明大义。第一条件体现了报效祖国、热恋故土、珍重文物的拳拳赤子之心；第二条件体现了感恩先辈、守护遗产、崇尚邮德的美德。有了如此条件，珍邮才能善存，守护才能圆满，传者才能如愿。"华邮至尊"承诺的"接力"，折射出中国人的收藏美德。

（董琪 / 文字整理）

第八章

邮票印制专家

三厂构架师，制度重塑设计

董纯琦　口述

我有两个孩子，某种意义上，我还有3个孩子——北京、河南、沈阳3个邮票印制厂，都是我帮助建立起来的。从空白到三厂争流，我已经很满足了。

董纯琦先生

洋场兄弟

1931年，我出生在上海。那时候医院条件也不好，父亲得了急性痢疾，后来没有治好，人很快就不行了，他去世时我才8个月。

父亲过世比较早，我们兄弟六人、两个姐妹都靠母亲抚养。好在父亲的遗产还算丰盈，老家宁波宝幢镇有房屋、土地，能够支撑家庭开销。

从小我就酷爱画画儿，虽然其他科目成绩一般，但绘画成绩很棒。我五哥也喜欢画画儿，水平在我之上。那时候，上海被称为"东方巴黎"，电影汽车等舶来品随处可见，外滩也有"十里洋场"的叫法。上海是离世界最近的中国都市，1949年之前的上海思想就比较开放、进步。

中学我也赶时髦，上了中法学校。在学校里学了3年法语，基础比较扎实；我也学英语，但说得不够流利。中学毕业的时候，受到五哥的影响，我也报考了中央美术学院，并被录取。

五哥对我的影响蛮大，他思想很进步，差一点儿就去了延安，后来不知道什么原因没去成。作为知识青年，他知道的也多一点儿，所以他就到北京考中央美术学院，结果先我一年考上了，随后我也考到了北京。

五哥是新中国央美的第一届学生，我是第二届。彼时，中央美院考试科目并不少，主要有素描、创作，还有几门文化课。1950年，我考到北京，在中央美术学院油画系学习，那时校长是徐悲鸿。生活方面，因为有五哥打前站，我来北方吃住很快就习惯了。

经过4年的学习，我们兄弟二人先后毕业。五哥被分配到西安美术学院当老师，我次年被分配到邮电部。

"邮"学布拉格

1954年，我进入邮电部工作。那时，中国的邮票事业还未系统展开，邮票印制厂也没有成立。在百废待兴的大背景下，邮电部的领导遵照中央精神，开始筹建邮票印制厂。中央领导对此也十分关注，朱德同志之后还来参观过。

筹备建厂就需要技术骨干，当时有经验的技术人员非常缺乏，有基础的央美毕业生也就我们几个新人。当时的国际大环境是两大阵营对立。各行各业，只要是社会主义国家能帮的都能去。先是有捷克专家来中国教授我们技术，后来决定选派6人去捷克留学，系统学习技术制度规范。这六个人分别是：顾博涛、张龙云、张济众、张士林、蒋寿昌和我，我们都被作为建厂的骨干来培养。那时有建厂小组，张济众是组长，也是我们的领队。

我们经历了短期捷克语培训后就启程出国。这样，学油画的我，转行到欧洲学习邮票制造。说心里话，我当时比较得意，留学在那个年代比较稀罕，而且我们属于公派，还能领工资。

初到捷克，我已经会讲一些捷克话了，跟捷克那些老师傅用捷克话沟通，他们感到特别奇怪，也很高兴。在中法学校期间，我有点儿底子，在那边有时我也讲英文，师傅们则特别愿意用捷克话跟我对话。

我们在捷克邮票厂学习，在当地人眼里，这个厂规模不小，但是放在中国就相当于一个车间。厂里的机器都是德国的，跟中国一样，但是在雕刻技法上捷克要高于德国，印制水平也优于德国，风格自成

北京邮票厂实习人员回国前与捷克邮政部印刷厂唯发机组全体同志合影

一家。平时有几个雕刻师带我们，总体来讲雕刻师人数不多，能干活的就3个。我们吃饭就在他们的食堂，没有特别准备中餐。可能是上海生活的经历，我个人还挺适应西餐的。

那时捷克和斯洛伐克还在一起，现在已是两个国家了。捷克的首都是布拉格，斯洛伐克的首都布拉迪斯拉发。我们主要在布拉格。那段时间，学习比较轻松，能有一年自由安排的时间，非常难得。而且我除了母语中文外，还粗懂法语、英语和捷克语，跟当地人相处得也比较融洽。这六个留学生中，捷克人最喜欢找我聊天。

我在捷克这一年除了学习，也帮他们做邮票工作，自己积累了不少经验。除了邮票印制，我还学习了邮票设计，因为捷克的设计也是挺厉害的。其实他们也不叫设计师，而是更接近于画家。从构图上，捷克人讲简练，主要突出雕刻版的特色。雕刻版本身就很简练，几条线、几个点，都能够刻画出一个形象。捷克人在这方面很在行，因此我的技术长进了不少。

留欧岁月至今难忘。我属于欧美同学会捷克小组，前几年大家还有走动，参加欧美同学会的活动，李铁映同志是我们的书记。

建厂岁月

我们回国后，北京邮票厂就开始启动。我们六个人后来都搞邮票了，但我们不是专职刻邮票的。蒋寿昌出身在印刷厂，他是搞印刷的；顾博涛是照相的；张龙云是印刷的；张济众是搞行政的；我负责工艺技术。

之前邮票印制跟印钞在一起，考虑到印钞厂属于中国人民银行，邮票属于邮电部，分开也在情理之中。加之当时是计划经济，资源调配和利益上没有冲突。因此，拆分并没多大阻力，原来印钞设计部、雕刻部的邮票部分一窝端都挪到邮票新厂这边，早期的高品璋和孙鸿年就来自印钞厂。

最早从上海大东厂专门调过来两人——唐霖坤和孔绍惠，不同于北京美国风格的钢版雕刻，他们采用铜版雕刻。铜版质地较软，好表现，可以发挥艺术风格；缺点是不耐磨，得镀上一层镀铬，表面才会变硬。印刷机高速运转时，那个摩擦力是很大的，镀铬可以提升它的耐磨度。印筒镀好铬以后还要整修，才能上机器印刷。这种技法最初源于意大利，后来传至日本。上海最早派人到日本，学的就是这种技术。其实那个年代，钢版雕刻我们也镀铬。

原本正常的建厂进程，在"文化大革命"时期被打破了，我们这些技术人员被发配到基层劳动，我被安排到发件、送货。邮票纸库有大量的邮票纸，都是很名贵的。

可是邮票生产中一有事情，他们解决不了，就又让我帮忙解决问题。比如说印刷邮票出毛病了，或者比如印版被他们刮坏了，自己解决不了了，就叫我去修版。我就老老实实地修版，把他们刮坏的印版用刻刀把网点一个一个刻出来，刻出来打样，一直到修稿完整后再印刷。那个时期这个工作除了我以外，没有别人能干。就这样，我老老实实干了好几年，直到最后平反。

制度重构设计

特殊年代结束后，我曾担任过北京邮票厂的副厂长。1985年8月，我开始担任邮票发行局设计室主任。我主持工作期间，雕刻版邮票偏多。

雕刻版对绘画雕刻要求十分高。于是，我就将对外约稿和评审制度化。之前也有这样的做法，可是不明确，所以主要是我主张规范

纪31《中国红十字会成立五十周年纪念》

纪31《中国红十字会成立五十周年纪念》设计手绘稿

特13《努力完成第一个五年建设计划》
（99）《和平生活》设计手绘稿

特13《努力完成第一个五年建设计划》
（100）《工人疗养》设计手绘稿

化。我把邮票厂的生产技术慢慢规范化了起来，形成了一支自己的队伍，可以自己搞设计，搞制版印刷，整个一套体系都建立起来了。

我觉得邮票印制整个过程不可分割，有一连串的步骤，都要互相衔接，谁也离不开谁。比如说我设计过一套邮票，设计的时候我就得考虑印刷时，哪些地方突出，哪些地方下功夫。印刷的时候也是这样，要把握整个设计的精神，直到最后印刷时，才

董先生谈起他设计的第一套邮票

能把它体现出来，不能分割。所以必须要互相联系，你考虑我，我考虑你，上下结合，都得连通，这是很重要的。

后来，我被河南厂请去做顾问，河南厂小林（河南省邮电印刷厂副厂长林裕兴）也是我带出来的。后来因为种种原因，河南厂还买了一台先进机器。之后，我还多次到沈阳厂调研，帮他们解决问题。三大厂就像我的3个孩子，我见证了它们成长的全过程。

成立邮票评审委员会，也是顺应了当时社会发展的要求。我一直当评审专家好多年，后来岁数大了就不去了。

因为邮票是特种印刷，跟钞票是并列的，现在不知道厂里面在印刷技术协会有没有名额，我原来一直是中国印刷协会常务理事，连着好几届。

我建议年轻雕刻师可以充分发挥想象力，好好地搞一下，不要去管邮票范围什么的，就是怎么样把邮票搞好，设计出来的邮票能够一套一套的都能让观众喜欢。我不愿意放开，我一拿起邮票就看个没

完，我喜欢邮票到这种程度。

我退休之后，事实上也没有离开这个行业，一直还在这个行业发光发热。如果问我一辈子有什么遗憾，我的回答是："没有。"

（王新一 / 文字整理）

我对邮票设计的几点感受

邮票是国家发行的、邮政部门供用户使用的邮资凭证，因此邮票设计者对邮票的特征及其要素有一个全面的了解是十分需要的。邮票的基本特征是一种印制在纸面上的小型艺术品，面积很小，我国邮票常用的规格尺寸有30×40毫米、52×31毫米等多种，有横型的，也有竖型的；邮票的四周打有齿孔，背面有胶层。常规的都是长方形的，个别的也有异形的、三角形的。

邮票必须具备几个要素是：第一，印有一个画面，表现一定的主题内容；第二，画面上印有图铭；第三，印有票面的邮资面值；第四，印有邮票画面的一名文字，有时还有记事性的文字；第五，邮票下端印有邮票的编号及发行日期等小字；世界上有些国家的邮票，还印有设计者、或雕刻者或印刷厂的名字。这些要素在设计画面构图时必须同时全面思考、妥善安排，使之得到图文和谐、优美统一的艺术效果。有时邮票设计者在构图过程中多少会受到邮票特征和邮票要素的束缚，不能敞开地发挥本人的艺术技巧，碰到一定难度，这就需要设计者而耐心思考、奇思妙想、充分发挥艺术创作才能，力求圆满解决。

邮票画面是命题创作，根据已定的主题进行创作设计，如果设计者对主题内容不是十分了解，一定要请教有关专家，充分搜集权威资料，以求设计的图稿准确无误，并要充实表现思想形象。

邮票图稿通常是邮票尺寸的4～6倍，制版缩小后，图稿上的色彩、层次，以及线条会有一定程度的含糊，故在绘制图稿时要予想到缩小后的艺术效果而着当调整。

邮票通过印制后，才与广大人们见面的，印制质量极为关键，因此邮票设计者对印制邮票的各种印刷方法的特色须有所了解和掌握是很有必要的。在写案邮票付印之前，邮票设计者与印刷厂务必要很好地沟通，研究工艺时，印刷厂应该千方百计满足设计要求；如在工艺施工方面确有困难时，设计者也应据实适当调整原稿，双方进行切实合作，务求印刷后能得到最理想的艺术效果。

原邮票图稿评审委员会主任斯尚谊院长曾说过这样的话："我主要从纯艺术观点提出我的建议；真正的邮票图稿设计要靠邮票设计家；印刷质量要靠邮票印制专家。"确实，邮票质量的提高，一定要有高水平的绘画艺术家、邮票设计家和邮票印制家的密切结合。

方寸天地，博大精深；邮票质量精益求精。

2010年4月18日
写于北京

方寸世界　邮印一生

董凤阳　口述

印刷离不开美术，我印象最深的是当年顾博涛先生在技术课上讲过的一个公式：印刷=数理化×美术。此话用在雕刻凹版印刷上，尤为精辟。雕刻凹印不但是一门技术，更是一门艺术。

董凤阳老师

少年学徒

我16岁初中毕业就分配来北京邮票厂参加工作，在凹印车间从学徒做起。那时候在国营厂当技术工人很幸运，师傅们要求高，衣服很整洁，车间干干净净，机器擦得一尘不染，师兄弟儿们干活儿全都一丝不苟，感觉为国家印刷邮票是非常光荣的事。

当时是"文化大革命"时期，大家内心都渴望学习，爱学技术，那时人们还是非常爱动脑子的，搞技术革新什么的（现在叫创新），而且特别喜欢好东西。

我说的好东西是一种标准，就是品质好、有内涵的标准，一种做事的精神。当年一些建厂时就在的老人，好些都是50年代上海印校毕业的，给大家讲技术课，他们理论都很扎实。那会儿我们还在厂里学素描，有一个人专门组织大家讲课，画石膏像，这个人叫傅耀新，他出身于绘画世家。

凹印和雕刻凹印的概念

凹印又分为很多种，不同的行业，同一个叫法，却可能说的是不同的事物，容易弄混乱。邮票印刷，除了雕刻凹版，还有一种凹版，叫影写版，在邮票这个圈子里边一直这么叫。从印刷的国家标准的术语来讲，它其实应该叫照相凹版。因为这个名称源于早期使用照相的制作方法，即通过三氯化铁在铜版上腐蚀生成凹下去的网点，后来虽然改用电子刻版机（也叫电子雕刻机）来制作网点，但印版的性质还是属于照相凹版，所以名称也就延续下来了。虽然这种方法用了"雕刻"的字眼儿，也能用雕刻凹版方式去印刷，但严格地讲，与雕刻凹版还不是一回事。传统意义的雕刻凹版，一定是通过点和线的艺术化安排制作的，而不是一种机械化的点阵分割。不过科技发展很快，通过新一代电雕或激光雕刻设备，已经可以实现按照雕刻师给定的布线安排，制作出具有刀锋特点、深浅可以连续变化、点线十分精密的凹版，这种凹版就应该属于雕刻凹版了。

在印钞业内，凹版指的就是雕刻凹版，因为不用照相凹版，所以"雕刻"俩字儿就省略了。而社会上的商业印刷所指的凹版，就不是雕刻凹版了，而是照相凹版（影写版）。因为雕刻凹版印刷在民用产品上受到限制，它们不能用，只有照相凹版能用，所以也就被简略为凹版了。所有的跟吃的有关系的食品包装、商标、烟盒这些印刷一般是用照相凹版印刷的，因为这种印刷没有什么残留，它的油墨是液体

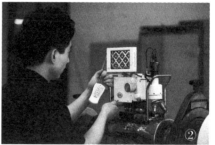

① 雕刻印筒—检查图案
② 雕刻印筒—调整电雕机参数

的，溶剂是挥发性的，印完了之后它就彻底干燥了，溶剂都跑了，就剩颜料在上面了，相对来说比较卫生。而胶印产品油墨味儿就重，因为它里面不容易彻底干燥。

由此可见，凹版、雕刻凹版，名称很容易乱，首先必须分清楚哪个是哪个。

世界上很多钞票和邮票等有价证券都采用雕刻凹版印刷，除了强烈的艺术化特点，还有个重要的原因，就是防伪。有人简单地说，是不是雕刻版印刷的可以用手摸出来，有凹凸感。那行了，聪明人有的是，现在技术也比较发达，比如说用简单的腐蚀或其他什么方法，弄出来的图案也是鼓的，可以用来以假乱真。因为摸着都能感觉到是凸起来的，老百姓怎么识别谁真谁假呢？其实在专业人员眼里还是不一样。真正的雕刻版，刀锋变化无穷，点线极为精密，且深浅可以连续变化，这些特点都不是那么容易能复制出来的。但是对于高价值产品，比如一轮猴票，有采用雕刻版的方法造假的，这就确实需要格外小心了，如果一摸那个墨也是鼓起来的就当真，就肯定是上当了。

我们说的雕刻技法很古老，可以追溯到玉器、青铜器、篆刻、砖雕、木雕等等（东西方的雕刻都是从这些传统工艺中衍生出来的），再到木版画、金属版画，然后应用到印刷中，形成了凸版和凹版印刷。

当然版画和雕刻凹版印刷还是有很大的不同，包括上墨、擦版排墨、压印方式、压印时间、干燥等等，都不同。版画是艺术创作过程，每个环节都可以按主观意愿加以调整，追求的主要是效果。而印刷是机器生产，每个动作都整齐划一，而且主要追求的是效率和效益。比如说往版纹里涂油墨，版画家可以自己往里抹，哪儿没涂实就再涂一遍，一直给它涂实了，它里边还有空气什么的，得反复涂。机器哪管那么多，不能来回涂，所以版纹深浅就得有一个极限，太深了，就涂不满，涂不满就是空的，印出来的就是花的。版纹如果有太浅的，人工擦墨，那个地方可以轻轻擦。机器就不行，擦墨都一个劲儿，分不出深浅，太浅的地方就擦没了。所以雕刻凹印版时，处处都要考虑到机器的局限性和极限。再比如说，雕刻凹印的效果与压印的时间关系很大，制作版画可以随心所欲进行控制，甚至可以反复加压；但现代印刷机器速度越来越快，压印的时间也就越来越短。所以很多人总感觉以前的雕刻版印品好，这与当年的机器印速慢也很有关系。

此外，印刷是用于图文大量复制的，雕刻一块印版就不能只复制一两件或一小批，所以必须耐用。雕刻凹版制作的大致过程是：原钢版雕刻完成之后去淬火变硬，之后翻钢轴，钢轴再淬火变硬，再用钢轴去过印版。印版可以是钢版，比较硬，钢碰钢，钢轴就容易损坏。如果印版是铜版，就好多了，但是之后需要镀铬。因为铜软，好过版，好修版，但是不耐印。雕刻凹版印刷擦墨时擦得非常狠，镀铬就为了让它增加耐印度。但是如果不镀铬，就禁不起大量印刷。如果是制作版画，也就印几十来张。

印刷还需要压力，中文和外文所有的印刷字眼，大概都有压力的概念。比如说中文的"印和刷"，都有压力的概念；像英文press，也有压力的概念；像中国传统的印章，都需要一定的压力压印在纸面上，所以印版必须耐印。

手工雕刻出来的原版也叫母模，过版出来的那个钢轴，也叫子模，一凹一凸，一反一正，之后再过到印版上去，就可以上机印刷了。这个过程保证了印刷出来的邮票成品都保持一致，同时满足了大量印刷的需求。所以要求一枚邮票不管印多少量，都必须得是一个雕刻原版，钞票也一样。

邮票最基本的作用是做邮资预付凭证。1840年英国发行的世界上第一枚邮票"黑便士"，只有一便士的邮资。但一便士据说对当时的英国民众来说也不是小数字，老百姓一个月也挣不了多少便士，政府也怕有造假，所以就采用了雕刻凹版印刷。直到现在，高端的印刷品，也还一直在沿用。

猴票的记忆

邮票的印制，能体现一个国家最高的印刷水平。而雕刻版邮票的水平，又体现了一个国家邮票印制的最高水平。咱们有很多经典的雕刻版邮票，很多人都会一下子先想到1980年的猴票。

当时我二十来岁，和同年进厂的师兄赵志平带着几个徒弟一起负责开一台雕刻印刷机，正好赶上承担这枚邮票的打样和印刷。雕刻师姜伟杰当年也就30岁吧，他刻的那个线比较粗犷，原版打样效果不错，但是一上印刷机套色打样，底下的白纸就一丝一丝地从雕刻线的缝隙里透过来了。设计师邵柏林老师就想办法，在雕刻图案下用影写版铺了一个黑底色。那个问题是解决了，但是红墨不红，金墨也不亮，因为这几个颜色都是影写版制作的，用表面细腻的纸才会漂亮。而雕刻版印刷用的纸平滑度偏偏不能太高，也不能太细腻。原因在于雕刻印刷的印筒是要加热的，用湿布擦墨还要产生水气，加上油墨是胶状的，很粘稠，版纹又那么深，而且雕刻凹印的压力必须特别大，才能把版纹里的油墨转移到纸张上。机器上有一个硕大的轮盘，通过一套涡轮涡杆机构加压。记得清华那会儿还专门在机器上装一个传感器，试图测量这个雕刻机的印刷压力，那个压力非常大。在这么多因素综合叠加条件下，如果用平滑度高的纸，其油墨的吸收性和附着性尤其是表面强度都比较差，纸张的表层就会被揭开，粘到印版上，根本就无法正常印刷。而雕刻版的用纸粗糙，必然造成红墨不红金墨也不亮。这是什么道理呢？就是说印刷色彩跟纸张很有关系。比如说，你用照片打印纸和普通打印纸，在同一台打印机上打印同一张照片，出来的效果恐怕要差十万八千里的。不论颜色密度还是光泽反差层次什么的，用照片纸打出来的不知会漂亮多少倍；而糙纸的油墨都吸进纸里去了，必然颜色暗淡无光。

为了证明是纸张的问题，凭着技术课上学到的那些知识，我们试着用印影写版的纸打了个样，印出来真是漂亮，影写版红黑金三个颜色一下子就显得非常厚实饱满，叠印上精彩的雕刻，甭提多好看了，就是现在我们看到的猴票的效果。只可惜，这种纸印雕刻版太难了，几乎无法正常开机。或许是设计者、车间领导、厂领导和管发行的领导，还有我们这些印刷工，都为这么美的一枚邮票动心了，最终决定就用这种纸批样开印了。从此，我们机组所有人，就开始绞尽脑汁，想尽所有的办法，对各种操作参数和细节，包括印版的温度、压力、油墨的黏性、车速等等，每个地方都仔仔细细、来来回回地摸索，克服了粘版、蹭脏、背面沾脏等不知多少个难题，才完成了四百多万枚的生产任务，可以说是用巨大的代价，换回来一个精品。

当时没人想到它会从8分钱涨到现在一万多。最主流的说法是说猴票印得太少，所以值钱了。其实并非完全如此。你去查那个邮票目录，跟猴票挨着的前后发行的邮票，有的比猴票印量少多了，四百多万的，甚至一百多万的都有。现在最新的研究成果是，猴票的发行量为四百多万，和当年好多邮票比起来也不少，可那些邮票怎么都没炒起来呢？只能说明猴票还是好，题材好，好看，名家的画，名家设计，雕刻也好，说来也应该包括印刷得好，因为最终呈现在集邮爱好者面前的，毕竟是一个用机器生产出来的印刷品。不过具体到雕刻凹印，与一般的工业化产品的生产过程还是不同，它是富有创造力的，既是一门技术，也是一门艺术。所以，与其说猴票值钱是因为发行量太少了，倒不如说猴票选题太好了，画得太好了，设计得太好了，雕刻得太好了，印刷得也太好了。喜欢的人多，才供不应求，才升值这么多。

现在人们都知道猴票值钱，但很少有人知道猴票的代价。创新是冒了风险，是付出了代价的。我记得很清楚，开印之后，车速非常地慢，每天根本完不成任务，印100张只能有十几张是好的，剩下全是废的。我记得开了一段机器后，到检票车间看，100张里面只有十来张好邮票。你想多大损失啊，产量出不来，那儿还要发行。传说猴票的发行量没达到计划量，这是真的，因为印不出来，印到最后，两张里边也没出一张好的，合格率可能只有40%多。我印象里，过不了一半，印两张就得扔掉一张多，这已经包括拼票在内，整版票的合格率就更少了，而且那会儿的质量要求是很严格的，绝对不会以次充好。

有意思的是，猴票之后的那11枚生肖票，也都使用了涂料纸印刷，通过大家不断地摸索，不但都达到了良好的印刷效果，合格率也不断提升，最后完全能达到指标了。可见，创新不会一蹴而就，创新是需要过程、需要积累、需要时间的。

猴票不光给人们带来了一个精品，而且还带给人们一个经典的案例，因为它带来了很多这样那样的启示和思考。像上面讲到的对创新的认知，是属于管理层面的。还有另外一个启示也很重要，是技术方面的，就是印刷中的稿、版、纸、墨、机五要素，彼此是相关的，这五个要素是互相转化的，比如说猴票的色彩问题最终不是通过油墨解决的，而是通过纸张解决的。我是进厂11年后到印刷学院上学的，当年对教科书上说的五要素，简单地认为就是印刷得以成立的必备条件。通过生产实践后，发现还应扩展到对其相互关系的研究，其中名堂很多，学问不少。

邮票的语言

中国的雕刻版印刷的邮票，出了很多精品，现在看都应该是艺术品。任何一门艺术都具有自身的表达语言，邮票艺术也不例外，尤其是雕刻凹版邮票的艺术性，有着非常独特的表达方式。

邮票艺术面临的最大的挑战是，最终要以那么小的尺幅，以印刷品的形式呈现给受众，但是设计的时候却不能那么小，画笔也无法模拟印刷的状态。而当从大的绘画图稿变成小的印刷邮票，又不是一个简单的线性的缩放关系，包括密度、色彩、层次、反差等，各种关系的变化很复杂，有其自身的规律。这既是邮票的难度所在，也是邮票的奥秘和魅力所在。

一个经典的例子，就是那套《黄山风景》。我们现在看到这套邮票，说色彩怎么那么漂亮，那么丰富，尤其那个雕刻，着实精彩。其实当年印雕刻版邮票的那台机器，只能印3个颜色，一个雕刻机组，两个影写机组，也就是说，黄山邮票，最多是只用了3个颜色印刷出来的。这其中奥秘何在呢？奥秘就在于邮票设计大师孙传哲先生按照影雕版的印制预想和机器只能印刷3个颜色的既定条件，对作为原稿的摄影作品进行了一次新的创作，他删繁就简，为雕刻师的布线创作提供了依据和空间，也把影写版的设色以及最终的影雕套色效果全部描绘出来，完美而又可行。凡是见过孙先生画的原稿的人，都会发现那完全是为邮票设计的，充分考虑到了缩小之后会是什么样子，充分考虑到了雕刻师和印刷机的表现空间和极限条件，为这套经典邮票的成功奠定了基础。所以，记得有个说法，忘了是谁说的了，好的画家，不见得是好的邮票画家；而好的邮票画家，也不见得是多有名的大画家。孙传哲先生在画界里面，也许名气不是特别大，但是在中国邮票史上，谁不知道他是大设计家、名副其实的大师？这就是邮票的奥秘。

邮票有邮票的语言。邮票的语言，包括艺术语言和技术语言。如果说好邮票有什么规律可循，那么大设计的概念就是其中之一。大设

① 邮票与放大镜
② 董凤阳老师进行主题为"邮票之美——邮票的印制工艺与鉴赏"讲座

计包括所有的选题设计、视角设计、艺术设计、工艺设计，工艺设计也是设计。

现代的雕刻凹版印刷源自西方，到了中国，就有了中国的特点。比如1980年那套古代科学家邮票，就很有代表性。原稿是国画，却用了雕刻版和影写版套色印刷，用西方的技艺，表现东方的水墨绘画，创造出了非常独到的雕刻手法。其高明之处是，如果去掉影写版的色彩晕染，只看雕刻版的图案，你仍然可以领略到一幅精彩的水墨画，包括笔墨晕染的痕迹，都能表现出来。我当年对此留下了十分深刻的印象。一个产品能让你喜欢，干起活儿来也会感觉很爽的。

记得当年那些邮票设计师，会经常到印刷车间去，跟工人师傅讨论怎样结合印刷。设计之初就想到后期印刷效果，什么样的题材用什么样的表现手法，结合什么样的印刷方式。要想印出好邮票，搞设计、搞雕刻的，一定得懂印刷。

随着科技发展，雕刻制版方式越来越技术化了，电脑、激光、人工智能，运用得越来越多，手工雕刻原版越来越少了，基本不用过版机了，雕刻印刷机速度也越来越高了，墨和纸都不一样了，擦墨方式也发生了变化，以前是布擦墨，现在是纸擦墨或者水擦墨，工艺发生了很大的变化。但是不论怎么变，邮票还是要运用邮票的语言去表达，才能保持住邮票的味道，才能多出让人百看不厌的精品。

（董琪／文字整理）

邮票要往里面看

林裕兴　口述

邮票是什么？对于这个问题，站在不同的角度有不同的解读，从它的面值的基本属性上说，邮票是有价证券；从它表现出的国家的形象、尊严上说，邮票是国家名片；从它所涵盖的丰富的知识内涵上说，邮票是百科全书；而我作为一个邮票印制者，更多更确切的感触是——邮票是放大镜下的艺术。

林裕兴厂长向中国邮政集团公司邮票发行部高山总经理介绍《太平鸟与和平鸽》印样

邮票无论是印制工作还是品鉴欣赏，都是离不开放大镜的。一般社会印品在放大镜下，我们看到的是印刷网点，如果再高倍放大就成马赛克了。而我们的邮票，尤其是雕刻邮票，经得住在放大镜下仔细品鉴，在放大镜下能看出它层次的丰富变化，看出它细节的精彩和美，看出它所表现的深邃的意境和内涵，其中的艺术魅力是社会印品无法比拟的。我的老师董纯琦先生带着我做邮票的初始阶段对我说过一段话，他说："你看邮票要往里面看，当你能真正看进去的时候，你制作邮票的感觉就出来了。"起初对于看什么、怎么看的问题我是很茫然的，经过多年的感悟、认识、理解、积累，我渐渐地发现邮票确实是要往里面看，而且越看越有内容，越看越有灵感。

得遇恩师

我的祖籍是江苏南京，1959年，我是跟随父母从南京到的北京邮票厂，我父亲是印刷工人，我算是北京邮票厂的家属。由于1970年的战备搬迁，我们一家随着原北京邮票厂铅印车间部分职工搬迁到了河南偃师。1975年，我被招工到河南省邮电印刷厂从事照相制版工作。1981年，河南省邮电印刷厂整体搬迁到了省会郑州。大概90年代初，我们厂有了单色胶印。

1992年，我们厂开始印制胶印邮票，这应该算是我跟邮票的第一次亲密接触。当年我们印制了两套邮票，分别是《党的好干部——焦裕禄》和《青田石雕》。在正式承印邮票之前，我们单位组织了一个小团队，到北京邮票厂学习邮票印制生产和安全管理的全过程，之后我非常幸运地得到了邮票印制的元老董纯琦先生长达数年的亲自指导。

董老是新中国邮票印制领域很关键的人物，他为北京邮票厂、河南省邮电印刷厂、辽宁省沈阳邮电印刷厂的组建和发展做出了很大贡献。从我们厂1992年开始印制邮票的几年里，董老带着我手把手地教，每套票从制作打样到完成批样我都跟着董老学习，我从中不仅学到了邮票制作工艺技术，而且还在邮票制作中逐步实现了从悟出感觉、悟出道理到悟出结果、悟出精彩的升华。记得邮票印制局的陈文骐局长曾经几次在不同场合说过我是董纯琦老先生的关门弟子，我不仅引以为荣，而且也希望我做的邮票能够无愧于我的恩师。

刚开始我们厂的胶印制版还没搞起来，我们印制第一套邮票《党

的好干部——焦裕禄》时，是在河南第一
新华印刷厂制作的胶印版。当时这个厂
的技术及安全保密措施都基本具备了，
但是在技术条件和适应邮票管理的要求方
面还是有一定的差距，因此从印制《青田
石雕》邮票开始，我们就在北京邮票厂制
作胶印邮票版了，一直做到1994年印制
的《傅抱石作品选》。之后的1995年和
1996年，我们厂又相继在陕西省印制，以
及在和郑州吉星制版公司进行邮票胶印版
的制作。大概在1996年下半年，我们上了
制版系统，从此我们的胶印邮票印制生产
逐步走上一条规范管理创新发展之路。

1992-15《党的好干部—焦裕禄》

雕刻凹印再启动

　　20世纪90年代初，社会用邮需求量逐年剧增，邮电部派专人
到多地考察扩充印厂，当时我厂老领导段少华厂长跑邮电部主动请
缨，终于在1992年选定我们河南厂和沈阳厂作为京外印制邮票的两
家定点单位，之后段厂长又将考察雕刻凹印设备列入议事议程。段
厂长退休后，为了继续引进凹印设备，我厂的王道理厂长在任期间
领着我们往邮电部跑了好几趟，部领导为此专门召开了几次专题办
公会，最终同意引进瑞士乔利公司雕刻接线凹版印刷机，当时在全
亚洲也只有四台这样的设备。那个时候，我作为河南印厂邮票工艺
技术人员，跟随前后数任领导参与了设备的引进工作。然而尽管引
进了设备，但因为此类设备在国内受中国人民银行有关对特种印刷

设备的限制使用的管理文件的约束，需要经中国人民银行办理准印手续。该设备的真正启动已经到2003年了。经中国人民银行批复，我们的雕刻凹版印刷机由中国人民银行下属的印钞造币总公司为我们制作相关的雕刻凹版。2003年下半年，我们承接了第一套胶雕套印邮票《毛泽东同志诞生一百一十周年》。如果说承印《党的好干部——焦裕禄》邮票是河南厂邮票印制史上的第一个里程碑的话，承印《毛泽东同志诞生一百一十周年》应算是第二个里程碑。从此我们开始印制雕刻版邮票。

为什么说承印《毛泽东同志诞生一百一十周年》邮票对于我厂来说是里程碑式的呢？因为我厂自1970年建厂起，一直沿用的是凸版印刷方式（活字排版结合铜锌版照相制版的印刷方式），承印《毛泽东同志诞生一百一十周年》邮票对我厂来说是开天辟地第一回，这对过去来说，真是可望而不可即的。雕刻凹版印刷一直以来在印刷行业都是比较高端神圣的，印制这套邮票的过程，真的是一段极其难忘和震撼的过程。

在此之前，直到2003年，我从事邮票印制工作的将近12个年头，我厂一直是承印胶印邮票的，现在则在胶印基础上叠加雕刻凹版印刷。而当我真正去接触雕刻邮票时才感觉到，我确实是知之甚少，一切都得从零开始。

当时跟印钞造币总公司合作，他们制版我们印制，那个时候我对雕刻的工艺、雕刻的技巧、雕刻出来的效果肯定是什么都看不出来的，在与雕刻师沟通研究工艺时，我首先抱着学习求教的心态，同时凭借多年制作胶印邮票的感觉，在学习中理解，在理解中分析，同时借鉴了很多对胶印邮票最终效果鉴赏评判的经验，和几位印钞系统的雕刻家们沟通人物面部表情、眼神、动作、甚至手形这些细节。本来雕刻钞票和雕刻邮票无论是自身的幅面规格还是承印的油墨纸张，都是有挺大区别的，确实也给雕刻师们出了很大的难题。比如当时在研讨《毛主席在庐山》这枚票的效果时，我们对画面中的很多细节反复沟通，反复磨合，跟他们提出了很多苛刻的要求，确实也觉得很难为雕刻师了。但最后的效果终于完全满足了我们的心理预期，我这才带着完整的胶雕套印小样赴北京送样。而更让人欣慰的是，报送小样一次通过。那次报样我印象特深，中国集邮总公司的邓慧国总经理当时负责邮票审批工作。记得邓总当时看完报样后跟我说了一句话："这套票我已经做好另一套方案的准备，如果你们这次一旦不成功，我们就改成胶印邮票了。"邓总的这句话直到现在我都记忆犹新。首先，应该说还是领导考虑得更全面，如果我们当时这套票真的没有成功，邮票肯定要按计划发行，拿回北京做雕刻，时间肯定来不及了，那么改成胶印发行，不失为万全之策。而此时此刻，回味邓总的这段话，我理解出的更深层的含义是，如果万一真的没有成功，我们真不知道要什么时候才能重新开始印制雕刻版邮票，这其中既包括信心，更包括机会，后边的成功不知道得猴年马月了！我这么讲也许感觉有点儿夸张，但确确实实就是这么回事。《毛泽东同志诞生一百一十周年》这套票一炮打响，回想那些基础的、细节的、边探索边实践、边总结边改进的工作，我感觉我们历经千辛万苦为这套票的拼搏付出，其意义和价值远远超出了这套邮票本身。

这里还应该特别强调的是，在雕刻凹版制作的同时，我们在厂内同步进行了凹印油墨适性研究、胶凹套印专用邮票纸张工艺规范、胶雕二次印刷套印控制、原辅材料性能及应用、纸张纤维方向以及对压印变形的影响规律、胶印伸涨系数测试、设备调试运行、设备运转保障、环境温湿度监控等多方面问题的探讨、研究，并进行了大量

的专题实验。我们重点围绕但并不局限于这些课题，我们前后召开了
多次专题工艺研讨会，每次会议都会对之前的实验进行总结分析和效
果评估，同时对下一步实验明确方案、步骤和进度计划，及时总结、
分析、解决、调整实验过程中的新动态、新问题，逐步规范了环境温
湿度、水温、版温、压力、走纸收纸状态。在凹印油墨适性以及控制
粘脏问题上，我们知道雕刻凹印油墨既要有相应的硬度，又需要让油
墨转移到承印物时有良好的吸附度，还要把控印后的干燥度，要找到
一个最佳的平衡点。为此我们先后印制了两枚纪念张进行尝试，并从
中总结出相关技术参数。关于纸张适性问题，我们的雕刻印刷机压力
非常大，经过压印势必面临纸张变形的问题，我们首先把胶雕邮票专
用纸张的变形规律找出来，在多次不同的压印实验中找到了变形量最
小且可稳定控制的规律和参数，并以此为依据，分别提出胶印制版适
应雕刻制版并共同应对纸张变形的提前量。当纸张适性问题解决后，
在胶雕套印方面，我们重点围绕胶印经过凹版压印之后的纸张不同
方向的变形规律，对胶印出版进行提前干预和控制，最终实现了对
胶凹套印的套印误差稳定控制在0.1毫米范围内。《毛泽东同志诞生
一百一十周年》这套邮票获得了2003年度最佳邮票奖和专家奖。通
过印制这套邮票，我们厂得到了很多经验。目前我们厂已经建立起了
一整套印制胶雕版邮票的工艺技术规范。

尽精微而致广大

北京厂和河南厂的雕刻凹版印刷设备来自同一生产商，但性能、
擦墨方式和制版方式不尽相同。河南厂这台设备的油墨传递过程是由
色模版将油墨转移到橡皮滚筒，再由橡皮滚筒将油墨转移到印版滚筒
上，经由擦版辊擦去印版图文凹槽以外多余的油墨，最后将印版滚筒

油墨图文压印到纸张上。也正因为如此，这台设备的压印滚筒的压力非常大，油墨转移到纸张的效果比较好，在相关控制到位的前提下，能做到特别柔的地方不空也不花，版纹特别粗实的地方不溃墨，这也是这台设备的显著特点。北京厂是胶雕一体机，胶印雕刻同步一次完成，效率上更先进，很多问题在一台机器上就解决了。

自2003年以来，我们河南厂印制的胶雕套印邮票大概有3种类型：第一类以雕刻为主，胶印为辅，像《毛泽东同志诞生一百一十周年》《中国现代科学家》（四）等人物题材的邮票，完全是靠拼雕刻功底的，胶印只做一些衬底以及边饰；第二类是胶雕并重的，像《武强木版年画》《绵竹木版年画》《颐和园》这些邮票；第三种以胶印为主、雕刻为辅，侧重工艺效果，像《洛神赋图》邮票，整套邮票用胶印方式细腻地表现出古画的韵味，雕刻作为特别的工艺效果，将《洛神赋》的赋文与《洛神赋图》巧妙地融合在一起。

胶雕套印还有一个硬接口和软接口处理，所谓套印硬接口的邮票，比如《武强木版年画》《颐和园》《绵竹木版年画》《中华孝道》（一）等邮票都是口卡口硬套的，几乎没有任何讨巧的余地，这对胶印加雕刻凹印二次印刷的工艺技术要求也是特别高的。而套印软接口的邮票，比如《颐和园》小型张、《瘦西湖》《钱塘江大潮》等邮票，相对于前面提到的所谓硬接口套印的要稍微缓和一些，在胶雕套印上有讨巧的地方，胶印做柔一点儿，为雕刻做一些预留。所谓预留就是预留雕刻压胶印，但是真正到邮票的尺寸上时不会存在任何差异，这就是软接口处理。实际上所谓的硬接口和软接口处理也是相对而言的，而且也是针对雕刻制版和胶印图像处理过程而言的，真正到了胶印印刷和凹印印刷过程，其操作程序的严格和规范是一致的，容不得半点儿懈怠。

2015-13《钱塘江大潮》T

2003-25《毛泽东同志诞生一百一十周年》J

2008-10《颐和园》T

说起2015年印制的《钱塘江大潮》邮票，也是很有特点的。整套邮票在色彩上以胶印为主；结构线条和大潮的形态变化以雕刻为主；这套票的雕刻部分较之其他雕刻邮票相对比较弱，比较柔，但是雕刻内容和技术含量却一点儿不少，而且恰恰能够把钱江潮细腻的东西表现出来。这里边潮水的变化、它的动感，还有岸上的人物，包括很小的人物刻画，非常精细，非常耐看。我听很多专家评价，这套邮票是很能展示雕刻功力的。

说起河南厂印制的胶雕邮票，《唐诗三百首》也是值得回味的。这套票遵循了中国邮政集团公司邮票发行部"解放思想，广开思路，大胆尝试"的总体要求，围绕"一版票、一本书"和"可视、可触、可听、可闻"的设计理念，集中使用了胶印十二色两遍印刷、珠光幻彩丝网印刷和雕刻版双色印刷等多种印刷手段，将《唐诗三百首》全书多达两万五千字的微缩文字悉数镌刻在整版邮票上，同时运用近似无色的近红外吸收油墨实现了音频识读功能。如果说《唐诗三百首》邮票应用的多色、多次、多种不同

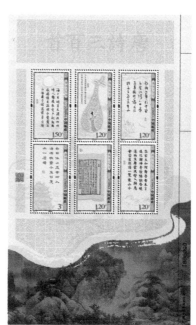

2009-20《唐诗三百首》T

印刷方式、多种不同印刷材料还是在一个大的印刷范畴之内的话，那么音频识读技术的应用则是把邮票引入了多媒体的概念，使得邮票的内在功能发生了质的变化和跨越，也使得这套票在第十三届国际政府间邮票印制者大会上获得"最佳创新奖"。

321

当然在我参与制作的胶雕邮票中，也有自己觉得不太满意的，比如2004年《丹霞山》邮票，这套票属于胶雕并重的类型，胶印侧重色彩，雕刻侧重轮廓骨架，胶雕结合共同表现丹霞风貌。但是真正完成雕刻制版之后打出胶雕套印样来，才发现二者出现撞车现象，也就是说雕刻的厚重盖住了胶印的色彩。由于时间关系，虽然通过撒浅雕刻油墨的深度之后稍有改观，但是仍然是一套留有遗憾的作品。从这套票以后，我们就特别注意这方面的问题，以后我们的胶雕邮票再也没有出现这种情况。比如《颐和园》《豫园》等邮票，尽管也有很多粗线条，但是它们都强调了那些很关键的结构，而不是在整体的面上。邮票上大面积的点线都有着丰富细腻的变化，这使图稿上丰富的色彩及层次变化通过胶印充分地表现了出来。

设计与印制的结合

印制邮票跟社会印品有非常大的不同。从印制技术上讲，邮票能体现出一个国家印刷行业最高的水平。社会印品不需要印制得如此细腻，不需要这么多工艺上的应用，没必要投入这么大的成本，包括人力物力，没必要做到这种程度，也不需要在放大镜下欣赏。而对于邮票，包括集邮爱好者都有放大镜，在十倍放大镜下，邮票中丰富的层次变化和细节内容，不能有任何的瑕疵，这就是邮票的特点。

想要印制好邮票，首先是要有好的设计，我们一直在讲我们是在还原邮票，还原设计师雕刻师的设计思想、设计理念，不是简单地复制。在每套邮票制作前，我特别喜欢聆听设计师讲他的设计理念，讲他希望表现的内涵。到后来，好多设计师也愿意跟我探讨一些东西，征求我一些印制的意见，找到迎合他们设计理念的结合点。因此我们说，只有把设计和印制工艺有机地结合起来，才能印制出出神入化的印刷作品。

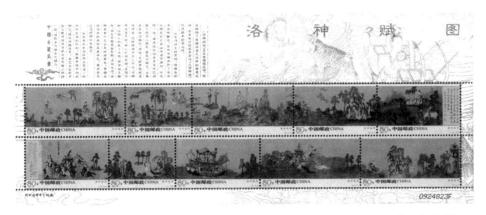

2005-25《洛神赋图》T

　　比如《洛神赋图》邮票，以胶印为主，雕刻为辅。在印制这套邮票时，原计划把洛神赋的赋文用雕刻的方式，无墨压凸在全张的边饰上，用侧光手灯水平照射，在放大镜下就能看清雕刻文字表现的赋文了。在制版时，我们感觉这套十枚的邮票，去掉边饰后赋文就不存在了，很是可惜。因此我们提出把两千多字的赋文分成10个自然段，比照中国古画题跋的形式，错落有致地分别排列到10枚邮票画面里，同样采用无墨压凸的方式。我提出这个想法后，设计者王虎鸣老师非常赞同。最后出来的效果也是微缩文字"无墨雕刻"，只用凹印版压凸，文字不上墨，成了这套邮票的一个亮点。再比如《复旦大学建校一百周年》T邮票，我们在复旦百年的LOGO上，先用胶印印新的LOGO，老的LOGO用金属光泽的凹印油墨来印，表现"日月光华、旦复旦兮"，而胶印的LOGO再利用雕刻版原位无墨压

2005-11《复旦大学建校一百周年》T

凸，最后达到了意想不到的好效果，这些都是雕刻印制工艺的延伸。

我们河南厂印制邮票，始终秉持工艺创新的理念，但工艺创新绝不是简单的工艺堆砌，创新的工艺始终是紧密围绕设计师的设计思想和理念的，我们所做的就是最大限度地还原，最大能力地展现，充其量是延伸，绝不能堆砌，为工艺而工艺反而会弄巧成拙，所以绝不能生搬硬凑。我们邮票印制是服务型的技术行业，我们采用的印刷技术、印刷工艺，大多是比较成熟的，关键看怎样恰到好处的应用。邮票印制的高深在于表现出设计师的设计思想，如果一套邮票做成功了，那就是说，我们把设计师的设计思想和理念相对能还原到95%以上，这也是我们邮票印制者的最高追求。当你静下心来拿着邮票慢慢品味时，确确实实是很耐看的，确确实实是很舒服的。

正如董老讲过一句话，"看邮票是要往里面看"，我的理解并不是说拿放大镜就能看出来，邮票要去品味，要悟里边的东西，要还原设计者想要表达的设计思想，要从每一个细节努力还原邮票设计理念。一枚邮票图稿的设计包含了丰富的历史文化内涵，包含了设计家的智慧和思想，简单地复制还原是表现不出来的。只有我们用心理解，用心投入，并且能够与设计家产生共鸣，最后才能在阅读理解图稿的过程中，感悟设计者的理念和历史文化内涵，并将这种感悟通过各种工艺技术手段表现到邮票上，这枚邮票也就有了内涵和生命力。总结二十多年来制作邮票的经历，我认为一定要注重继承和创新的结合。第一是要学会还原；第二要尽可能理解设计师的设计理念；第三要尽最大的能力去迎合设计师想表现的东西；最后一个就是要用合适的工艺去表现，这是非常关键的。

（董琪／文字整理）

第九章

集邮文化推广、研究专家

情系方寸责所寄

刘建辉 口述

北京红楼对面有一条胡同叫新开路，我家就在新开路的最后一个四合院里，离家五六百米的地方是我的母校27中（原孔德中学），出了校门再走五六百米就是东华门邮票公司。我每天放学后有两件事，一件事是去体育场

原国家邮政局邮资票品管理司刘建辉司长

打篮球，另一件事就是到东华门去看邮票。

一张梅兰芳的小型张要3块钱，相当于一般工人、农民一个月工资的十分之一，我那时连邮票都买不起，起初只是被邮票上好看的图案所吸引，但从未想过有一天会真正走进这个方寸之间的世界。

从临危受命到亲身经历并参与世纪之交邮政体系变革的整个过程，邮票带给我痛苦，也带给我深入骨髓的热爱。有人说，林中有两条路，你永远只能走一条，怀念另一条。而"情系方寸责所寄"大概是我对邮票感情的最好诠释，我的天平永远倾向于这一条路。

跨世纪变革

1998年3月28日，对于一向四平八稳的邮政系统来说，是一个动荡的日子。这一天，经国务院批准，正式成立了国家邮政局，结束了自1949年中央人民政府成立以来邮电"混"营49年的历史。

今天来看，那是中国邮政从此走上自主经营、独立经营道路的开始，但在当时来看，那并非一条康庄大道——"以电补邮"的日子彻底告终，50万邮政员工从此要走上独立生存的艰难道路。

同年10月25日，我正式奉调到国家邮政局内设机构——邮资票品管理司就任司长，当时的邮市可谓一片肃杀。各省邮电管理局的一把手几乎全部被分配到了电信部门，各部门下的资产可以用惨不忍睹来形容：90％以上的资产被分到了电信部门，60％的员工被分到了邮政系统，这意味着要用10％的资产养活60％的邮政员工，而在1997年邮电"分"营之前，邮政业务的整体收入仅占整个邮电行业的11.5％。

两极分化的现实下，原邮电部门的人千方百计挤破脑袋也要到电信去，甚至还发生过一件惨剧——1998年8月14日，就在河南省封丘县邮政局举行挂牌仪式前，即将就任局长的王永军，出于没被分配到电信部门的不满和对邮政未来发展的本能恐惧，在凌晨4点多跳楼自杀了。

这种恐惧来源于邮资票品发行市场正深陷看似难以解决的四大困境：其一是香港回归时原邮电部发行的"金箔小型张"，从1997年7月1日发行时的120元钱，仅仅半年内被炒到500元后开始断崖式下跌，导致"邮市亢奋期"转眼变成了"大萧条"；其二是"97"狂潮过后，邮票市场一片肃杀，市场上邮票低面值出售的现象卷土重来；

其三是数年前欧洲、美洲等传统集邮群体大幅萎缩的阴影，在国内已悄然出现；其四是国际上一些国家的邮政部门对邮票市场面临的形势积极进行研讨，少数对市场极其敏感的国家已经开始对邮票发行战略与策略进行调整。

困难重重下，只有从改革和创新入手破局。我立刻带领邮资票品司着手从顶层设计切入，搞好邮票发行决策的架构。

改革和创新

我就任后的第一件事，就是对全国一级市场进行调研。当接到集邮管理处汇报的邮票发行量时，我发现了一个巨大的问题：1996年和1997年的邮市狂潮引发邮票供应全面吃紧，随后扩大的发行量又遇到了1998年的市场寒冬。"供大于求"带来整个市场的票值下跌，而在国家邮政局刚刚独立、业务收入指标面临巨大压力之下，集邮管理处依然做出了维持发行量不变的决定，这一定会导致邮票价格继续断崖式下跌。

如果没有断臂求生的决心，整个局面将难以控制。我立刻向国家邮政局刘立清局长汇报了调研情况，全局经过研究后决定调减发行量，我冒险提出要按500万的量进行调减，并且500万的单位不是"枚"，而是"套"，没想到却得到了肯定。这成了国家邮政局成立后邮票发行量调减的"第一刀"，并且一调就是七年。

到了2004年，我们的发行量已经从5000万套调减到1300万套，这样的调整让邮票市场真正从"供大于需"走向"供需基本平衡"，整个市场开始回暖。当年军旅集邮家、《解放军报》副总编辑刘博文写了一篇文章，叫作《2003年邮市井喷》，邮资票品司也概括出了邮票发行的八字经验——"宏观调控，总量适度"。

然而，这样的调整也带来了问题，发行数量的下降势必会导致收入的减少，而刚刚独立经营的国家邮政局面临巨大的收入压力。为了解决减量不减收的问题，我采取了三个措施。

第一个措施就是引进"邮票个性化服务业务"，说引进，是因为这项业务并非中国邮政首创，最早的创意来自澳大利亚。

而真正引起我们注意的，是2001年2月在香港邮政署举办的新世纪第一次邮展，展会上一套"《我的祝愿》个性化邮票"旁边人头攒动。这款邮票并不是严格意义上的"个性化邮票"，只是利用邮票的附票将个人的照片印上去，且现场只有一套设备，制作要花费45分钟，但这并不影响它成为整个展馆的热点，也让我们看到了它在内地存在的巨大价值。

返京后，我们立刻召集邮票印制局和中国集邮总公司一起商讨业务方案。同年8月，"邮票个性化服务业务"在第21届世界大学生运动会"上试验并获得成功。从2002年开始，这项业务正式诞生。

但不同的是，我们的业务不向个人开放，只面向企业、团体和学校。因为后者需求量大，成本低，客户稳定，大大延长了业务的成长期。一年下来，个性化邮票的定制达到了1400万—1800万套，弥补了调减邮票发行量后的相当一块收入。

第二个措施是发行03、04小版邮票。这个决定跟我的考察经历相关。从1999年开始，我陆续考察了德国、法国、日本、瑞士、美国等几个国家的邮票发行部门，这些国家的集邮人数都在锐减，发行量开始大幅度下降。但日本邮政省负责邮票的官员告诉我，他们发现在发行小版邮票时需求量会变大，于是索性把所有的大版改成了10枚一版的小版，结果很多原本购买四方连的集邮者都转去买了小版邮票。这对我的启发很大。

回国之后，我亲自监督2003年、2004年小版邮票的设计，保证它的精美度，发行之后果然受到集邮爱好者的欢迎。虽然一年只有50万—80万版的发行量，但反而提高了邮票收入。事实上，直到今天，2003年、2004年小版的市场价格仍高达每版三四千元人民币，《司马光砸缸》《木版年画》等精美的小版非常抢手。

第三个措施，就是分化年册发行种类和时间。每到年底，由于各省和总公司的年册集中涌入市场，导致市场供大于求而进入市场低迷期。意识到了这个现象，我们开始将年册分化，一部分做成普通年册，另外一部分开发成企业形象年册。原本年会一过就成堆出现在垃圾桶中的企业年册，却因为其中的邮票提高了在客户手中的留存率。这样的转变备受企业欢迎，一年最多卖到了300万—400万册。

同时，我还给集邮总公司和各省分公司下了一道命令，每年年底，各省的邮票年册会提前总公司年册半个月进入市场，这就缓解了集邮总公司年册对各省年册的冲击，销售的节奏感把市场真正变成我们可以任意调剂的窗口。

这三个措施在减量的情况下，平稳了市场，保证了收入，让邮政部门慢慢度过了寒冬。

"外脑"诞生

回想起在任期间发生的重大事件，除了在经营层面进行改革和创新以外，邮资票品司还在发行的两个重要环节——邮票选题的遴选和邮票图稿的审议方面进行了改革。

从国家邮政局成立的第二年开始，两个"外脑"相继亮相，一个是"国家邮政局邮票选题咨询委员会"，另一个是"国家邮政局邮票图稿评议委员会"；前者的职能重在"咨询"，后者重在"评议"。

国家邮政局拟列入选题规划或发行计划的所有选题，都要经过选题咨询委员会的把关，请这些涵盖我国诸多学科领域的专家"评头论足"，对一些拿不准的选题也请他们提出看法，以便定夺。

之所以成立这样一个委员会，是因为一个被集邮者诟病多年的问题。在调来票品司任职之前，我曾在中华全国集邮联工作过5个年头，对于广大集邮者和集邮协会的专职干部所思所想有一定的了解。当时集邮者反应的一个突出问题就是，新邮发行当天，窗口不能"按时足量"供应，往往要过一段时间，集邮门市部才有出售，影响了邮友们邮寄"首封邮"的时间。

经过调研，我发现症结就出在选题上，选题的滞后影响了图稿设计，后者又直接影响到印刷环节。于是，我们将邮票选题下达设计时间从"一年一下"调整为3年的图稿一起组织设计，很多特种邮票、纪念邮票没有时间限制，哪套图稿设计成熟就先安排哪套发行。这样一来，生产就主动了。2001年，困扰多年的邮票发行不能"按时足量"供应各个集邮门市部的顽疾，终于得到了解决。

另一个"外脑"——图稿评议委员会的成立时间要早于选题咨询委员会，成立的目的就是为中国邮票把关。委员会成员除了第一任主任靳尚谊（中国美协主席、中央美术学院院长）以外，还汇集了诸如袁运甫、杜大凯、谭平、吴山明、徐启雄、董纯奇等一批著名艺术家和印刷专家。从组建第一天起，所有请评委评议的图稿都会隐去作者姓名，同时，对评议的过程和结果，既不接受媒体采访，也不能私自向外界透露，会议高度民主，在评议图稿时要求大家对作品的优劣、质量的高低，要知无不言、言无不尽。

每次听这些卓有成就的艺术家评稿，就如同接受一次文化的洗礼。从中国美术的方向到当前存在的问题，每个人都襟怀坦荡、言辞

① 刘建辉司长讲述邮票的故事
② 刘建辉司长采访梅葆玖先生

尖锐、语言幽默。图稿评议委员会虽然不是决策机构，但经"外脑"评议和推荐的图稿，使国家邮政局决策时心中有了底，为国家邮政局的最终定夺提供了参考。这些公平公正的评议，也使那些"滥竽充数""走门子""走关系"者哑口无言，无地自容。图稿评议委员会的一位主任袁运甫先生，已于2016年12月12日去世。

这两个委员会对中国的邮票设计和图稿水平的提高，的确做出了巨大的贡献。

永不离开

最近几年，从纪录片《中国珍邮》的策划、撰稿、改稿、审稿、审片，到石家庄邮政专科学院每学期24课时的授课，从参与南宁亚洲邮展相关策划工作到参加品鉴会、研讨会，以及连篇累牍地约稿、写稿等，种种琐碎工作已经压扁了我的时空。

对邮票和集邮深入骨髓的热爱，成为近两年已不在一线工作的我仍然不断出现在邮票发行和集邮活动之中的原因，也正是因为离开了工作岗位，我才真正有精力为我热爱的邮票事业做一些事情。

如果说有什么不得不做的事情，那么制作《中国珍邮》算是其中的一件——通过这样一部纪录片来展现我国各个时期的珍贵邮票，是我酝酿了十几年的想法。

引发这个想法的，是1999年《中国99世界集邮展览》上的一个插曲。那是中国首次举办综合性世界邮展，有两枚珍邮参展，其中一枚是"红印花小字当壹圆四方连"，另一枚是"大龙邮票阔边黄色五分银全版张"，两枚都是孤品，由香港著名集邮家林文琰先生所收藏。

这两枚邮票价值高昂，前者在80年代时的转让价就已高达30万美金，后者于1991年在英国索斯比拍出了37.4万英镑的高价。它们平时一直保存在汇丰银行的金库里。

参展邮票要从香港汇丰银行运到启德机场，慎重起见，林文琰先生想要为邮票买一千万港币的保险，这在当时是一笔不菲的数字，我们没有这笔经费。最后，我们制定了非常详细的安全保卫方案，由公安部八局全程将邮票从机场护送到展场，这相当于二级警卫的规格，是中央政治局委员才有的待遇。

邮展期间，我代表组委会请林文琰夫妇吃饭，他们讲述了几代集邮家如何不懈努力、最终把流失到海外的国宝请回到中国来的故事，其中大龙邮票的存世量非常少，很长一段时间内，它的全张由一位美国少校集邮家（他同时还是美国华邮协会的会长）收藏，1997年才易主林文琰先生。

中国集邮家的美德、爱国情操让我非常感动，那时候我就下定决心要拍一部电视片，让所有人都知道这个故事。

直到2012年10月，我把中国珍邮搬上荧屏的想法遇到了知音。中国邮政集团公司新闻中心影视部的淘汪澎和我一起花了3个月的时间，将4集样片制作完成。报批通过后，我召集李进忠、李益民、林轩等集邮家，共同做了一个文案。目前策划中的20多部均已拍摄完成，其中6部已经分别于2016年3月20日和21日播出，每天3集。不到一个月，就在央视达到超过1000万次的点击量，这个片子还被广电总局评为"最佳专题片奖"。

截至目前，我一共为邮政拍了3部影视作品：第一部是1991年在央视播出的10集电视系列片《国脉所系》，在次年广播电视总局的全国电视评选中荣获电视系列片二等奖；第二部是1999年为申办世界邮展而拍摄的20集电视连续剧《绿衣红娘》，成为邮政部门组织拍摄的第一部电视连续剧；第三部就是《中国珍邮》。这些在邮政史上都是前所未有的。

总之，我的命运始终是和邮政连在一起的。我想，让更多的人了解中国邮政所走过的不平凡的历程，应该是一个老邮政人卸不掉的责任。

（李云蝶/文字整理）

① 2018年常州全国邮展上，《邮史钩沉寻初心》新书发布
② 刘建辉司长谈集邮文化

我的邮票 我们的《集邮》

刘 劲 口述

现在有个说法，说邮票是"印刷品"，不是"艺术品"。雕刻凹版是版画的一种，能说它不是艺术品吗？雕刻版邮票有相对高的成本，制版周期长，印量不多，但它是精品，是能给大家留下深刻印象的好东西。比如，T75《西周青铜器》那套邮票就是经典，值得细细品味，线条的凸起在光照下变着角度欣赏，那种精致，特别有满足感。还有，表现人物题材时，彩色的

刘劲老师

大家会更注意色彩，如果是单色雕刻，只看点线的时候，就精彩了。那种眼神、头发、胡须、衣服的层次等等，都活灵活现地表现出来了，而且表现的不只是视觉的真实存在，更是一种非常高级的艺术表达形式。经常有读者给《集邮》杂志写信，呼吁多发行雕刻版的邮票，因为大家是真心的喜欢。

为培养好习惯玩出来的兴趣

我是初中开始集邮的。当时收集邮票，一是好玩儿，二是父亲希望我干事儿有点儿长性，做事有点儿条理性。因为邮票上面有志号，比如一套邮票5枚（5-1到5-5），你收集来了以后，很自然地就会按1、2、3、4、5的顺序摆好，通过这种方法可以让小男孩不至于那么毛躁。培养条理性，是当时家长支持我集邮的一个主要目的。后来由于学习紧张，那个小集邮本也就撂在那儿了。上大学以后，北师大中文系的社团活动比较多，我首先加入了集邮的兴趣小组，后来是集邮协会。

我1983年9月上大学，1983年11月底在中国美术馆举办了首届全国集邮展览，我也去看了回热闹。当时看了什么没有印象，我只是觉

2017（南京）国际集藏文化博览会，中国集邮总公司邓慧国总经理和著名集邮家李近朱老师为雕刻版邮票《外国音乐家》（二）首发仪式揭幕

常州2018中华第18届全国集邮展览开幕

为时任全国政协副主席王家瑞介绍参展邮集

得太震撼了，中国的邮票灰灰黄黄好古老，外国的花花绿绿好漂亮。1984年在民族文化宫举办了首届全国大学生集邮展览，我们那时候属于小跟班儿，跟着高年级的同学，看人家做贴片、做邮集，才第一次知道集邮还能这样玩儿，所以越来越感兴趣。我上大学时集邮主要挑好看的，从20世纪80年代以后，外国邮票、香港邮票进来比较多了，大家可以互相交换。其实当时许多JT邮票在邮局都能买到，但我买的往往不是全套，因为全套里有些高面值的舍不得买。那时候我常常犯懒，不及时给家里写信，父母很有意见。正好当时发行M1《花卉》邮资信封，就是10枚不同花卉的那套，我父亲买了两套，一套他们留着给我写信，一套写好了我家里的地址让我回信用。这样不用贴邮票，写几个字直接一封口就扔信筒里。

我记得1985年前后，我们帮着团中央搞一个评选活动，拆选票时，有一封从西藏寄来的信上贴的居然是猴票（T.46《庚申年》），那时猴票已经挺贵的了，估计那时西藏对内地邮票市场行情也不太了解，一有活动，直接就贴了猴票寄过来了，害得我们直眼馋。只见指甲盖大小的团猴图案，雕刻得是那么灵动，那一丝丝黑色的猴毛、金色的眼圈，摸上去有一种微微的凹凸感，到现在还回味无穷。我当时心想，以后要是能做跟邮票相关的工作就好了。说来也巧，毕业的时候机缘巧合，我被分配到人民邮电出版社，进了《集邮》杂志工作，确实是经常见到邮票了。这也算是爱好和工作相统一了吧。从1988年7月进《集邮》杂志到今年7月，就整整30年了。

集邮是个好爱好 让人身心更充实

1840年，邮票在英国诞生。通信是伴随着工业革命开始的。现在，随着信息技术的发展，信函传递还会留存，但是它的使用范围小了很多，这也是一个自然规律。说到集邮，有人说是不是过几年就要消亡了？我倒是觉得，古钱币、青铜器等现在早就不生产了，不是照样还有很多人在欣赏、在研究吗？从收藏的角度看，邮票不至于很快消亡。邮票包含的信息相当丰富，是百科全书，非常有欣赏和研究价值，不仅包括经济价值，还有很多文化和历史价值。比如我的一个朋友收藏了几封清末的信件，信封和信笺上的毛笔字非常漂亮。旧社会不识字的人很多，有专门给人代写信的先生，那时能写信的人在当时都是有文化的。且不说这几封信件具有文物价值，就是拿它当字帖也都不错。

集邮还有利于健康，集邮群体里，尤其是老集邮家，都挺长寿的，比如郭润康先生就活到100岁。许多八十多岁、九十多岁的集邮家，还经常参加集邮活动。爱集邮的人几乎都不抽烟，不仅是有害健康，更是怕把邮票给熏了或给燎了。你老抽烟，屋子里有烟气，邮票就容易发黄。集邮还有很多好处，比如可以沉浸在自己的世界里面，不焦躁，凝神静气地做自己喜欢的事情；还可以交兴趣相投的朋友，不仅有乐趣，还长知识。对于中老年人，这是蛮好的活动。很多名人也喜欢集邮，像美国的罗斯福总统，就是集邮爱好者。中国外交官里集邮家也挺多，每次举办大型邮展，外交部集邮协会都是重要的参与方之一。比如李辉副外长（现在是驻俄罗斯大使）。还有一位外交部副部长，即曾任驻港公署特派员的吉佩定先生。他们收集国外的邮票相对较多。他们接受采访时曾说过，他们从邮票中得到了很多知识和信息，邮票是他们外交工作的好帮手。

集邮还使生活充实。比如李近朱老师，他是央视知名的编导，做了很多很好的专题片、纪录片，写了很多书，他也是著名的集邮家。除了收藏邮票，他还收藏藏书票和各种集藏品，这些收藏内容都跟他早年的音乐专业有关。另外，他在我们这儿马上还要出版一套音乐集藏方面的书。还有北京延庆集邮协会副会长孟宪利先生，他特别喜欢长城，凡是跟长城有关的集邮、非集邮的东西他都收集，说起长城来他如数家珍，都成长城专家了。

现在是集邮活动更加开放、更加多元的时代，以后集邮要想发展，要更精深，水平更高；另外一个，肯定得融合，集藏边界要开放，但收集邮票及衍生品，这个核心没有变。不管是从清代、民国还是现在的集邮，第一是邮票，第二是各种邮政的实寄物品。

从1996年以后，中国人集邮的眼界更宽了。因为1996年咱们第一次办亚洲邮展，1999年第一次办世界邮展，都在北京。从这两次邮展之后，大家集邮的心态和理念发生了比较大的变化，更自信了。原来我们不知道国外怎么样，觉得我们要好好地学人家；现在一方面是在学，另一方面，我们也在创新自己的玩法，国外已经开始向我们靠拢。比如生肖集邮，原来主要是做生肖专题的人玩儿，现在生肖集邮是很大的群体，而且以咱们中国为核心，从东亚地区向全世界辐射，发行品种越来越多，收集、欣赏、研究的也越来越多。现在甚至连太平洋的岛国、加勒比地区都发行生肖邮票，它们也是想挣钱嘛，它们发行的邮票也挺丰富的，也是为了投咱们所好。集邮这种社会价值被拓展了，大家的社会交往比以前更多了，大家可以在一起讨论、欣赏、探讨。另外还有"三U"，即集邮、旅游、交友，这个"三U"也是对集邮的拓展。首先，你得爱好集邮，寻找在邮票上出现过的风景，在这个风景区拍照留念，然后跟当地的邮友搞联欢，进行联谊交流，这样的活动也挺有意思。

对于集邮，大家现在更注重收集的自我感受。原来谈集邮，集邮者一般认为自己要先拥有，有了以后要齐码得整整齐齐的，让它完整。现在这种方式，对非专业的爱好者来讲，并不太追求了，他们就收集自己喜欢的。有一位叫檀怀宇的邮友，他去了国内外很多世界遗产和博物馆，他自己手绘制作纪念封和明信片，并自己打印照片贴上邮票，这是很个性化的；他还做火漆的邮品，把火漆溶化滴到信封、明信片上，拿邮戳一盖就固定了。类似这些吧，大家开发了很多特别有意思的新玩法，讲究的是趣味。

国外对于集邮的理解和我们的理解不太一样。像2017年12月在绵阳，搞的专项邮展就分成了现代类、开放类等类别，里边还有好多非邮品的东西，吸引了很多人去参观集邮展览。其中参展的有一位赵慈生老先生，他就是用邮品和非邮品的展品讲述他当年在第二野战军上学时一位同学的故事。当年大家是为革命在一起，后来是为祖国建设分散在各地从事不同的工作。赵先生今年88岁了，他的同学很多已经不在了。他把当年他们的通信、照片等资料，做成邮集，展现历史。按编排的水平讲，其实这本邮集不够专业，但对一位近90岁的老人来说，他倾注的这份心血跟其他的邮集完全不一样，为此邮展评委会给他颁发了一个特别奖。

我国的《集邮》杂志

《集邮》杂志是1955年1月28日创刊的，1月28日对外公开发售。当年的一份文件决定了两件事，就是成立中国集邮总公司和创办《集邮》杂志，现在这份文件的原件保存在中国集邮总公司。集邮总公司是1月10日成立的，《集邮》杂志是1月28日公开发行的，到现在整整63年了。

1955年到1966年，《集邮》杂志是当时唯一的一本官方集邮刊物，邮电部、集邮公司所有的信息都通过这本杂志来发表，那时候不

邮票编设室主任、邮票
设计家史渊老师为《集邮》
杂志的邮迷朋友们签名

马丁·莫克和王虎鸣老师是深
受国内外集邮爱好者喜爱的邮票雕
刻家和设计家，他们合作的雕刻版
邮票非常精彩

1955年《集邮》杂志第一期

2018年《集邮》第一期

讲经济价值，只讲文化知识。当然，现在看起来也有相对"左"的，比如资本主义国家的邮票我们不要收集什么的。当时集邮活动发展迅速，邮电部1955年开办集邮总公司后，专门发行了十几套再版邮票。

到1966年7月份，《集邮》杂志停刊，一直停到1980年，这十五年没有出版一期杂志。当时集邮公司解散，《集邮》杂志停办，老一辈的设计家都下放到湖北阳新，集邮就完全停顿了。

《集邮》杂志从1955到1966年，一共出了125期。1966年7月停刊，1980年复刊。1980年出了9期，前半年是双月刊，出了3期，后半年就改成月刊了。1980年到2007年，这一时期杂志正文为黑白印刷加几个彩页的形式。2008年以后，都是全彩印刷，杂志的精美程度有很大提升，符合时代潮流。

现在我们配合新邮发行的主要栏目是"新邮预报""新邮资料""设计访谈"这三大版块。早期杂志对设计家和雕刻家的访谈，如邵柏林老师、刘硕仁老师，都是以第三人称来介绍的。还有大量的翻译文章，主要是翻译苏联的。此外那时候好多人用的是笔名。到了20世纪80年代以后，国内设计家和雕刻家的专访内容逐渐地增多。现在跑新邮方面的责任编辑是杂志主编丛志军，他每个月必去邮票设计室。早些年是我在跑，我采访了很多邮票设计者和邮票编辑，请他们谈邮票设计思路，把更多的内容介绍给集邮者。还有一些关于外邮的版块，这部分内容既是给集邮者提供信息，也是给决策和管理层提供参考。比如说我们刊登英国的梅钦普票，介绍英国普通邮票发行的方式和规律以及英国怎么把一套普票延续几十年，怎样让集邮者一看就知道这是英国的邮票，并且知道是哪个年代的，通过票幅，通过颜色就能辨别出来。这样的文章，集邮者爱看，管理部门也可当成借鉴信息。还有介绍世界各国联合发行的邮票，这对我们邮政部门来说也是一个借鉴。《集邮》有十多个栏目，既有比较浅显、轻松的"封片简戳""游乐邮乐"栏目，还有介绍邮展、邮集的"邮展指南"和比较专业的"票品研究"等栏目。

其中，中国邮政发行的新邮是我们杂志必须宣传的内容，杂志封面会刊登一套当月发行的新邮票，这种做法六十多年来我们一直延续下来了。人们路过报刊亭，就算不买也能看到这些图案信息。比如，每年1月5日发行生肖邮票，《集邮》杂志每年第1期封面就会刊登当年生肖邮票的图案。人们一看就会知道，今年的生肖邮票是这样的，是一个比较明确的宣传信息。

《集邮》杂志，从商业性上讲，是全世界集邮类杂志发行量最多的，最高的时候有近50万份，这是一个比较有指向性的杂志，喜欢邮票的人都看。现在很多集邮者，比如说集邮家王晋枫先生，已经是91岁高龄了，从1955年杂志创刊到现在，他一本不缺，全有。还有很多人是从1980年复刊一直到现在的杂志都有。那真是收集。大家不仅仅是阅读，而是把《集邮》杂志当作一种收藏和收集品来研究。总之，广大集邮爱好者的喜爱和支持是我们做好这本刊物的强大动力。

艺术精品——雕刻版邮票

图书值得留存收藏的，往往会用精装。雕刻版印刷的邮票就像精装书。早期的印刷方式无外乎就是石版、平版、凸版，凹版就是雕刻版，雕刻版防伪性能大，雕刻版从一开始就是高端的，主要应用于有价证券。相对其他印刷方式，雕刻版无疑是最好的。现在随着印刷技术的发展，出现了胶版和影写版，雕刻版仍然是最具特色的。

雕刻版最早用于印钞，早期日本以铜版居多，咱们引入西方的是钢版，其线条的角度、长短，精细程度和味道都不一样。单看人物形

《奥兰羊》雕刻过版—修图

象，钞票的面积大，而在邮票这么小的空间里，缩小后线条的宽度和它的密度呈现出来的效果与钞票是不一样的。雕刻版邮票精致生动，要在这么小的版面里表现诸多内容，包括面值、文字等等，还要结合印刷，保证最终的印刷效果，这种美感从艺术欣赏的角度讲，是精致的，神似的，有它的独特韵味。

雕刻版邮票精致耐看，而且持久不变色。现在我们看一百多年以前的邮票，仅用肉眼看效果就不错，如果拿放大镜看效果会更好。比如，"红印花"邮票，已经有120年了，颜色依然鲜亮。1898年发行的有水印的"伦敦版蟠龙邮票"是中国第一套雕刻版邮票（1897年发行的是日本石印版的）。如果要表述清楚，最早的雕刻版出现在邮资上使用的是"红印花"邮票，但"红印花"是当时海关拟在内部使用的一种收费凭证，从票券分类的角度看，可以看作广义"印花"的一种。严格意义上的中国第一套雕刻版邮票是"伦敦版蟠龙邮票"。雕刻版邮票不仅是艺术品，而且是艺术精品。

我在《集邮》采访工作中难忘的故事很多，讲一个跟雕刻有关

《2015羊年》（奥兰群岛）雕刻版印样

《2015羊年》（奥兰群岛）

的，这也是邮票设计师、雕刻师呼振源老师讲的。他说，学雕刻需要多年磨练，初学时，一上来根本不许你刻，要先学磨刀，不同的刀你得先磨好了，好使了，才能刻点、刻线，但还不能刻图案。你得先学基本技法，耐着性子慢慢来。当年他的师傅高品璋先生雕刻J.134《朱德同志诞生一百周年》邮票时，完全是手工雕刻，当时这枚邮票快完成时，结果高先生稍不留神跑刀了，原版已来不及修了，他只好在印刷前修子版。老先生非常懊恼，恨不得要拿刻刀扎自己的手。呼老师赶紧把老先生抱住，把他扶出雕刻室，让他走一走缓解心情。"追求完美"是雕刻版的特点，因为刻错一刀就可能前功尽弃，如果没有补救的时间和余地，就会耽误选题发行，所以雕刻师练就的不仅是技艺，还有心理耐力。

以后邮票的发行数量、集邮者也许会逐渐减少，慢慢变成艺术收藏品和文物，邮票的通信功能在逐渐弱化，而反之，它的文化、艺术功能一定会强化。因为邮票是记载时代最好的文化形式；另外它还具有一定的艺术价值，设计、印制工艺也一定会不断加强。雕刻版是最好的体现，不管是手工雕刻还是机器雕刻。而大家看到的最终的呈现效果，手工雕刻当然更好。2014年奥兰群岛发行的《2015年羊年》邮票，是马丁·莫克先生带着中国年轻雕刻师们布线的，效果就很好，几种羊毛的质感分明，让人能感觉到风在草尖上吹过，这就是雕刻的味道。

（董琪／文字整理）

参考文献

- 范笙禄著《澳门邮政与电讯的历史和发展》（第二卷）——澳门邮政历史（一八八四年——一九九九年），古维杰（出版人），澳门特别行政区邮政局，2006年。
- 高铁英编著《高振宇张炳奎艺术作品集》，长征出版社，2002年。
- 黑崎彰、张珂、杜松儒著《世界版画史》，人民美术出版社，2004年。
- 《集邮博览——中国邮票设计师作品选粹》，集邮博览杂志社，总第269期，2010年。
- 《集邮》杂志社编《中华人民共和国邮票目录》，人民邮电出版社，2013年。
- 宿白著《唐宋时期的雕版印刷》，文物出版社，1998年。
- 陀乾秋著《台湾邮票史》（1888—1949），澳门怀旧收藏协会，2010年。
- 汪嵩著《黑便士的奇幻穿越》（集邮文化丛书之二），中国工信出版集团、人民邮电出版社，2010年。
- 吴山编著《中国纹样全集》，山东美术出版社，2009年。
- 《新编中国版画史图录》编委会编《新编中国版画史图录》，学苑出版社，2000年。
- [意]劳伦沙·沙拉蒙、[意]玛塔·阿尔法雷斯·冈萨雷斯著，杨韵涵译，《版画鉴赏方法》，北京出版集团公司、北京美术摄影出版社，2016年。
- 张奠宇著《西方版画史》，中国美术学院出版社，2000年。
- 《中华人民共和国邮票印制史》编委会编《中华人民共和国邮票印制史》，文化发展出版社，2015年。

本书摄影者：牛丰生、王宏伟、董琪
部分图片提供者：口述者
部分内容图片提供单位：邮票印制局、《集邮》杂志社、北京虚苑

注：本书中所用个别照片无法找到作者，请作者与本书作者及出版社联系，在此深表感谢。

中国邮票雕刻凹版发展大事记

- 1895年9月14日，海关总税务司赫德批准印制"红印花"（雕刻版），由伦敦华得路公司负责承印。

- 1896 年3月20日（清光绪二十二年二月初九），光绪皇帝批准开办大清邮政，将海关邮政局改为大清邮政官局，任命海关总税务司赫德兼总邮政司。此时邮资收费标准由海关关平银的银两制改为较方便的银元制，原邮票不能再继续使用。因使用需求，没有时间等待印制新邮票，便仿照他国已有先例，将原有邮票加盖改值暂用。

- 1897年2月2日，大清邮政将上海海关库存的红印花加盖文字改作邮票使用。

- 1897年10月1日，大清邮政发行第一套（雕刻版）邮票，即"伦敦版蟠龙邮票"。

- 1908年，晚清政府筹建度支部（户部）印刷局，聘请海趣等5人团队来华，培养中国第一代钢凹版雕刻师。

- 1911年辛亥革命爆发，国家金融体系混乱，市面流通的纸币繁杂，银行券、地方券此时除委托欧英印制外，国内的商务印书馆、中华书局、大东书局、大业公司等均有印制。

- 1912年沈逢吉远涉日本学习铜凹版雕刻技艺。

- 1912年12月15日发行的民纪1《中华民国光复纪念》和民纪2《中华民国共和纪念》两套邮票，印制前后时间不明，故统一认定为民国最早发行的雕刻版邮票。

- 1915年，中国第一代钢凹版雕刻师在农商部展览会上，有5人油画作品获奖。同年在国际巴拿马赛会上，中国钢凹版雕刻作品荣获巴拿马奖状，财政部颁发名誉优等奖章一枚。

- 1918年沈逢吉学成回国，被中华民国财政部印刷局聘任为雕刻部长，开始传授雕刻技艺。

- 1922年，沈逢吉受聘中华书局雕刻科主任，培养了大批雕刻人才。

- 1931年，沈逢吉与友人创建中国凹印公司，印制浙江地方银行钞票和政府印花税票。之后发起组织中国印刷学会，并担任第一届执行委员，与同仁探索钻研印刷技术。

- 1935年，第一次币制改革，国民政府成立中央信托局，筹设工厂，准备印钞事宜。1936年国民政府授权中央银行、中国银行、交通银行、农民银行四大银行发行法币，均委托外国印制。

- 1936年，邮政总局开始调查上海大业印刷公司、大东书局、商务印书馆、中华书局4家公司，后北平财政部印刷局以及英国德纳罗公司也加入进来，邮政总局向各印刷厂家发出关于印制"孙中山像"邮票的招标说明书。1937年与中华书局签订印制邮票合同，开启了中国邮票史上通过招标办法确定邮票承印厂商的里程碑。

- 1937年，中华邮政自行督办的邮票印制由北平改在香港。1941年，太平洋战争爆发后，又改在国内后方重庆和福建南平等地。

- 1949年，国民党撤往台湾，带走雕刻师李炳乾、陈廉惠等人。

- 1949年5月—12月间，雕刻凹版工艺应用于区票，以华北大区最早。

- 1949年2月，北平解放，1908年清朝设立的度支部印刷局民国以后改名为"北京财政部印刷局"。抗战胜利后财政部印刷局改为"中央印刷厂北平厂"，由人民银行接管，对内称"中国人民银行印刷厂"，对外称"北平中国人民印刷厂"。新中国成立后称"北京人民印刷厂""北京印钞厂"，现为北京印钞有限公司。

- 1949年10月1日，中华人民共和国成立，一个月后，1949年11月1日，中华人民共和国邮电部成立。多数雕刻师由地下党保护，投身于新中国建设。

- 1950年2月1日，发行纪2《中国人民政治协商会议》，是新中国第一枚雕刻版邮票。

- 1953年下半年，参与承印邮票的厂家主要有：商务印书馆、大东书局上海印刷厂、华东邮政南京印刷厂、上海印刷一厂、上海人民印刷厂、上海大业印刷公司。1953年后，主要集中于当时雕刻版印刷工艺首屈一指的北京人民印刷厂。

- 1956年7月，邮电部成立邮票发行局，组建专业的邮票设计和邮票雕刻队伍。

- 1959年8月15日，在捷克斯洛伐克的技术援助下，北京邮票厂建立，实现了清末就曾筹划却一直未能实现的邮票发行、印制统一管理，使邮票的设计、雕刻、印制紧密结合起来。从此，邮票基本由北京邮票厂印刷，由专业的邮票雕刻师雕刻。同时，发行纪65《中捷邮电技术合作》雕刻版纪念邮票。

- 1970—1977年，邮票雕刻第二代雕刻师团队形成。

- 1992年，邮电部决定在河南省邮电印刷厂和辽宁省邮电印刷厂试印部分邮票。

- 1999年、2005年第三代邮票雕刻师仅有两位，为郝欧和董琪。

- 2000年，河南省邮电印刷厂引进了平台式四色雕刻凹版印刷设备，与中国人民银行达成协议，该设备印制的雕刻版邮票均由印钞厂制版。

- 2003年12月6日，河南省邮电印刷厂印制第一套雕刻版邮票，即2003-25《毛泽东同志诞生一百一十周年》纪念邮票。

- 2011年，中国邮政与丹麦邮政联合举办"雕刻师培训课程"，聘请丹麦邮政首席雕刻家马丁·莫克先生来华授课，集中为中国邮政培训10位年轻一代的专业雕刻师（包含第三代两位邮票雕刻师）。

新中国雕刻版邮票一览 (1949—2017)

志号	名称	发行日期	版别	枚数	雕刻者［E］
		普通邮票			
普5	《天安门图案》（第五版）	1951年4月18日	胶雕套印	6	吴锦棠
普9	《天安门图案》（第七版）	1955年9月20日	雕刻版	5	吴彭越
普11	《革命胜地》（第一版）	1961年7月20日	雕刻版	12	孙鸿年、唐霖坤、高品璋、孔绍惠
普14	《革命胜地》（第三版）	1971年9月25日	4.6影雕	11	孙鸿年
普15	《交通运输》	1973年10月20日	影雕套印	2	孙鸿年、高品璋
普19	《北京长话大楼》	1981年6月5日	雕刻版	1	孙鸿年
普20	《北京风光》	1979年4月2日	影雕套印	3	姜伟杰、李庆发、高品璋
普21	《祖国风光》	1981年9月1日	雕刻版	17	孙鸿年、呼振源、李庆发、阎炳武、高品璋、姜伟杰、赵顺义
普24	《中国石窟艺术》	1988年8月10日	影雕套印	4	阎炳武、李庆发、姜伟杰、呼振源［D］群峰
普24甲	《中华全国集邮展览'89·北京》（M）	1989年10月12日	影雕套印	1	姜伟杰
普29	《万里长城（明）》	1997年4月1日	19—21影雕	21	李庆发、姜伟杰、阎炳武、呼振源

		“纪”字头纪念邮票			
志号	名称	发行日期	版别	枚数	雕刻者［E］
纪2	《中国人民政治协商会议纪念》	1950年2月1日	雕刻版	4	贾炳昆、高品璋、贾志谦、孙鸿年、刘国桐
纪5	《保卫世界和平》（第一组）	1950年8月1日	雕刻版	3	武志章
纪6	《中华人民共和国开国一周年纪念》	1950年10月1日	胶雕套印	5	刘国桐、林文艺、李曼曾、沈彤
纪8	《中苏友好同盟互助条约签订纪念》	1950年12月1日	雕刻版	3	刘国桐
纪9	《中国共产党三十周年纪念》	1951年7月1日	雕刻版	3	吴锦棠
纪10	《保卫世界和平》（第二组）	1951年8月15日	雕刻版	3	华维寿、达世银
纪12	《太平天国金田起义百年纪念》	1951年12月15日	雕刻版	4	华维寿
纪13	《和平解放西藏》	1952年3月15日	雕刻版	4	鞠文俊、包弟岳、周永麟、达世银
纪17	《庆祝中国人民解放军建军二十五周年》	1952年8月1日	雕刻版	4	周永麟、华维寿
纪18	《庆祝亚洲及太平洋区域和平会议》	1952年10月2日	雕刻版	4	孔绍惠、吴锦棠、贾志谦
纪19	《中国人民志愿军出国作战二周年纪念》	1952年11月15日	雕刻版	4	华维寿、翟英、鞠文俊、周永麟
纪20	《伟大的十月革命三十五周年纪念》	1953年10月5日	雕刻版	4	刘国桐
纪21	《庆祝三八国际妇女节》	1953年3月8日	雕刻版	2	李曼曾、吴彭越

纪22	《马克思诞生一三五周年》	1953年5月20日	雕刻版	2	刘国桐
纪23	《中国工会第七次全国代表大会》	1953年6月25日	雕刻版	2	林文艺
纪24	《保卫世界和平》（第三组）	1953年7月25日	雕刻版	3	吴锦棠、贾志谦
纪25	《四位世界文化名人》	1953年12月30日	雕刻版	4	孔绍惠、唐霖坤
纪26	《弗·伊·列宁逝世三十周年纪念》	1954年6月30日	雕刻版	3	孔绍惠、唐霖坤
纪27	《约·维·斯大林逝世一周年纪念》	1954年10月15日	雕刻版	3	孔绍惠、李曼曾、吴彭越
纪28	《北京苏联经济及文化建设成就展览会开幕纪念》	1954年11月7日	雕刻版	1	孔绍惠
纪29	《中华人民共和国第一届全国人民代表大会》	1954年12月30日	雕刻版	2	吴彭越、孔绍惠
纪30	《中华人民共和国宪法》	1954年12月30日	胶雕套印	2	唐霖坤
纪31	《中国红十字会成立五十周年纪念》	1955年6月25日	雕刻版	1	孔绍惠
纪32	《中苏友好同盟互助条约签订五周年纪念》	1955年7月25日	雕刻版	2	孔绍惠、唐霖坤
纪33	《中国古代科学家》（第一组）	1955年8月25日	胶雕套印	4	唐霖坤、周永麟
纪33M	《中国古代科学家》（第一组）无齿小型张	1956年1月1日	雕刻版	4	唐霖坤
纪34	《弗·伊·列宁诞生八十五周年纪念》	1955年12月15日	雕刻版	2	唐霖坤

纪35	《恩格斯诞生一三五周年纪念》	1955年12月15日	雕刻版	2	孔绍惠
纪36	《中国工农红军胜利完成二万五千里长征二十周年》	1955年12月30日	雕刻版	2	孔绍惠
纪37	《中国共产党第八次全国代表大会》	1956年11月10日	雕刻版	3	孔绍惠
纪38	《孙中山诞生九十周年》	1956年11月12日	胶雕套印	2	唐霖坤
纪40	《我国自制汽车出厂纪念》	1957年5月1日	雕刻版	2	唐霖坤、孔绍惠
纪41	《中国人民解放军建军三十周年》	1957年8月10日	雕刻版	4	吴彭越、唐霖坤、鞠文俊、周永麟
纪42	《世界工会第四次代表大会》	1957年9月30日	雕刻版	2	宋广增
纪43	《武汉长江大桥》	1957年10月1日	雕刻版	2	孔绍惠、鞠文俊
纪44	《伟大的十月社会主义革命四十周年》	1957年11月7日	雕刻版	5	鞠文俊、宋广增、高振宇、孔绍惠
纪45	《胜利超额完成第一个五年计划》	1958年1月30日	胶雕套印	3	高振宇、孙鸿年、宋广增
纪46	《马克思诞生一四〇周年纪念》	1958年5月5日	雕刻版	2	周永麟、李曼曾、刘国桐
纪47	《人民英雄纪念碑》	1958年5月1日	雕刻版	1	孔绍惠
纪47M	《人民英雄纪念碑》（小全张）	1958年5月30日	雕刻版	1	孔绍惠
纪48	《中国工会第八次全国代表大会》	1958年5月25日	雕刻版	2	孔绍惠
纪49	《国际民主妇女联和会第四届全国代表大会》	1958年6月1日	雕刻版	2	孔绍惠

纪50	《关汉卿戏剧创作七百年》	1958年6月28日	胶雕套印	3	李曼曾、唐霖坤、高振宇
纪50M	《关汉卿戏剧创作七百年》（小全张）	1958年6月28日	雕刻版	3	李曼曾、唐霖坤、高振宇
纪51	《共产党宣言发表一百一十周年》	1958年7月1日	雕刻版	2	孔绍惠
纪52	《莫斯科社会主义国家邮电部长会议》	1958年7月10日	雕刻版	2	唐霖坤
纪53	《裁军和国际合作大会》	1958年7月20日	雕刻版	3	高振宇、鞠文俊
纪54	《国际学联第五届代表大会》	1958年9月4日	雕刻版	2	北京人民印刷厂
纪55	《全国工业交通展览会》	1958年10月1日	雕刻版	3	孙经涌、孙鸿年、高品璋
纪56	《北京电报大楼落成纪念》	1958年9月29日	雕刻版	2	孔绍惠
纪57	《中国人民志愿军凯旋归国纪念》	1958年11月20日	雕刻版	3	唐霖坤、孔绍惠、高品璋
纪58	《一九五八年钢铁生产大跃进》	1959年2月15日	雕刻版	3	孔绍惠、孙鸿年、高品璋、孙经涌
纪59	《三八国际妇女节》	1959年3月8日	胶雕套印	2	唐霖坤、高品璋
纪60	《1958年农业大丰收》	1959年4月25日	雕刻版	4	孙鸿年、孙经涌、唐霖坤、孔绍惠
纪61	《国际劳动节》（1889—1959）	1959年5月1日	雕刻版	3	孙鸿年、孔绍惠、高品璋
纪63	《世界和平运动》	1959年7月25日	雕刻版	2	唐霖坤、高品璋
纪64	《中国少年先锋队建队十周年》	1959年11月10日	（206）影雕套印，其余影写	6	206 孔绍惠

356

纪65	《中捷邮电技术合作》	1959年8月15日	雕刻版	1	孔绍惠
纪69	《中华人民共和国成立十周年》（第三组）	1959年10月1日	影雕套印	8	高品璋
纪71	《中华人民共和国成立十周年》（第五组）	1959年10月1日	雕刻版	1	唐霖坤
纪73	《全国工业交通展览会》	1959年12月1日	雕刻版	2	孔绍惠、孙鸿年
纪74	《遵义会议二十五周年》	1960年1月25日	（252、254）雕	3	孔绍惠、孙鸿年
纪75	《中苏友好同盟互助条约签订十周年》	1960年3月10日	（265）影雕	3	高品璋
纪77	《弗·伊·列宁诞生九十周年》	1960年4月22日	（262、264）雕（263）影雕	3	孙鸿年、孔绍惠、唐霖坤
纪80	《恩格斯诞生一四〇周年》	1960年11月28日	（269）雕	2	孔绍惠
纪81	《中国文学艺术工作者第三次代表大会》	1960年7月30日	（272）影雕	2	唐霖坤
纪84	《诺尔曼·白求恩》	1960年11月20日	（278）影雕	2	孙鸿年
纪85	《巴黎公社九十周年》	1961年3月18日	影雕套印	2	唐霖坤、高品璋、孙鸿年
纪99	《第27届世界乒乓球锦标赛》	1963年9月10日	雕刻版	2	孙鸿年、高品璋
纪104	《全世界无产者联合起来》	1964年5月1日	影雕套印	2	唐霖坤、高品璋、孔绍惠、孙鸿年
纪122	《纪念我们的文化革命先驱鲁迅》	1966年12月31日	（395、397）影雕	3	孔绍惠

		"特"字头特种邮票			
志号	名称	发行日期	版别	枚数	雕刻者［E］
特1	《国徽》	1951年10月1日	胶雕套印	5	吴锦棠
特2	《土地改革》	1952年1月1日	雕刻版	4	上海大业印刷公司
特3	《伟大的祖国—敦煌壁画》（第一组）	1952年7月1日	雕刻版	4	孔绍惠
特5	《伟大的祖国—建设》（第二组）	1952年10月1日	雕刻版	4	孔绍惠
特6	《伟大的祖国—敦煌壁画》（第三组）	1953年9月1日	雕刻版	4	吴彭越、刘国桐、李曼曾、林文艺
特7	《伟大的祖国—古代发明》（第四组）	1953年12月1日	雕刻版	4	吴彭越、刘国桐、李曼曾、林文艺
特8	《经济建设》	1954年5月1日	雕刻版	8	李曼曾、吴彭越、宋广增、高振宇
特9	《伟大的祖国—古代文物》（第五组）	1954年8月25日	雕刻版	4	贾炳昆、高品璋、贾志谦、刘国桐
特10	《无缝钢管厂及大型轧钢厂》	1954年10月1日	雕刻版	2	高振宇、宋广增
特11	《技术革新》	1954年12月15日	雕刻版	2	吴彭越、李曼曾
特12	《新建二十二万伏超高压送电线路（一九五四）》	1955年2月25日	雕刻版	1	李曼曾
特14	《康藏、青藏公路》	1956年3月30日	雕刻版	3	宋广增、高振宇、孔绍惠
特15	《首都名胜》	1956年6月15日	雕刻版	5	宋广增、吴彭越、林文艺、高振宇、孔绍惠、李曼曾（"天空光芒四射"未发行）

特16	《东汉画像砖》	1956年10月1日	雕刻版	4	孔绍惠
特17	《储蓄》	1956年10月1日	雕刻版	2	高品璋
特19	《治理黄河》	1957年12月30日	雕刻版	4	高振宇、宋广增
特21	《中国古塔建筑艺术》	1958年3月15日	雕刻版	4	高振宇、赵亚云、宋广增、高品璋
特22	《中国古生物》	1958年4月15日	雕刻版	3	孔绍惠
特23	《北京天文馆》	1958年6月25日	雕刻版	2	高振宇、高品璋
特24	《气象》	1958年8月25日	胶雕套印	3	唐霖坤、孔绍惠
特25	《苏联人造地球卫星》	1958年10月30日	雕刻版	3	孔绍惠、高品璋、孙鸿年
特26	《十三陵水库》	1958年10月25日	雕刻版	2	高振宇、宋广增
特27	《林业建设》	1958年12月15日	雕刻版	4	唐霖坤、孔绍惠、高品璋、孙鸿年
特28	《我国第一个原子反应堆和回旋加速器》	1958年12月30日	雕刻版	2	孙经涌、孙鸿年
特29	《航空体育运动》	1958年12月30日	雕刻版	4	孙经涌、高品璋、孔绍惠、唐霖坤
特30	《剪纸》	1959年1月1日	胶雕套印	4	高振宇、高品璋、宋广增、贾炳昆
特31	《中央自然博物馆》	1959年4月1日	雕刻版	2	张永信、宋广增
特34	《首都机场》	1959年6月20日	胶雕套印	2	高品璋、孙鸿年
特35	《人民公社》	1959年9月25日	雕刻版	12	孔绍惠、孙鸿年、唐霖坤、高品璋

特36	《民族文化宫》	1959年12月10日	胶雕套印	2	孙鸿年
特37	《全国农业展览馆》	1960年1月20日	胶雕套印	4	孔绍惠、唐霖坤、高品璋、孙鸿年
特39	《苏联月球火箭及行星际站》	1960年4月30日	雕刻版	2	高品璋、孙经涌
特45	《中国人民革命军事博物馆》	1961年8月1日	影雕套印	2	孔绍惠
特57	《黄山风景》	1963年10月15日	影雕套印	16	孔绍惠、唐霖坤、高品璋、孙鸿年
特62	《工业新产品》	1966年3月30日	影雕套印	8	孔绍惠、高品璋
特63	《殷代铜器》	1964年8月25日	影雕套印	8	高品璋、孔绍惠、唐霖坤、孙鸿年
特69	《化学工业》	1964年12月30日	影雕套印	8	高品璋、孔绍惠、唐霖坤、孙鸿年
特70	《中国登山运动》	1965年5月25日	影雕套印	5	孙鸿年、高品璋、孔绍惠

航空邮票					
志号	名称	发行日期	版别	枚数	雕刻者［E］
航1	《中国人民邮政航空邮票》（第一组）	1951年5月1日	雕刻版	5	孔绍惠、唐霖坤
航2	《中国人民邮政航空邮票》（第二组）	1957年9月20日	雕刻版	4	孔绍惠、鞠文俊、高振宇

文"字邮票					
志号	名称	发行日期	版别	枚数	雕刻者［E］
文2	《毛主席万岁》	1967年5月1日	1影雕，2-8影写	8	孔绍惠
文3	《〈在延安文艺座谈会上的讲话〉发表二十五周年》	1967年5月23日	2影，1.3影雕	3	孙鸿年、高品璋
文4	《祝毛主席万寿无疆》	1967年7月1日	雕刻版	5	孙鸿年
文7	《毛主席诗词》	1967年10月1日	1影，2-14影雕	14	孔绍惠、高品璋、孙鸿年
文11	《林彪一九六五年七月二十六日为邮电部发行中国人民解放军特种邮票题词》	1968年8月1日	影雕套印	1	孙鸿年

编号邮票					
志号	名称	发行日期	版别	枚数	雕刻者［E］
8-11	《纪念巴黎公社100周年》	1971年3月18日	9.10影雕，余影	4	孙鸿年、吴彭越
44	《中国工人阶级的先锋战士——铁人王进喜》	1972年12月25日	影雕套印	1	孙鸿年
49-52	《红旗渠》	1972年10月30日	影雕套印	4	孙鸿年、高品璋
78-81	《工业产品》	1974年12月23日	影雕套印	4	高品璋、孙鸿年

"J"字头纪念邮票					
志号	名称	发行日期	版别	枚数	雕刻者［E］
J.11	《纪念中国文化革命的主将鲁迅》	1976年10月19日	（3-1）影雕	3	孙鸿年
J.46	《中华人民共和国成立三十周年》（第三组）	1979年10月1日	影雕套印		北京邮票厂
J.49	《约·维·斯大林诞生一百周年》	1979年12月21日	雕刻版	2	孙鸿年、高品璋
J.53	《"三八"国际劳动妇女节七十周年》	1980年3月8日	影雕套印	1	高品璋
J.57	《弗·伊·列宁诞辰一百一十周年》	1980年4月22日	影雕套印	1	高品璋
J.58	《中国古代科学家》（第三组）	1980年11月20日	影雕套印	4	高品璋、李庆发、孙鸿年、阎炳武
J.70	《传邮万里，国脉所系》	1981年5月9日	影雕套印	1	孙鸿年
J.90	《马克思逝世一百周年》	1983年3月14日	影雕套印	2	高品璋、孙鸿年
J.94	《中华人民共和国第六届全国人民代表大会》	1983年6月6日	（2-2）影雕	2	北京邮票厂机雕
J.100	《任弼时同志诞生八十周年》（第一组）	1984年4月30日	影雕套印	1	李庆发
J.123	《董必武同志诞生一百周年》	1986年3月5日	影雕套印	2	李庆发
J.124	《林伯渠同志诞生一百周年》	1986年3月20日	影雕套印	2	孙鸿年、赵顺义

J.126	《贺龙同志诞生九十周年》	1986年3月22日	影雕套印	2	呼振源、孙鸿年
J.134	《朱德同志诞生一百周年》	1986年12月1日	雕刻版	2	高品璋、呼振源
J.150 M	《中国大龙邮票发行一百一十周年》（小型张）	1988年7月2日	影雕套印	1	姜伟杰
J.166	《诺尔曼·白求恩诞生一百周年》（中国和加拿大联合发行）	1990年3月3日	影雕套印	2	阎炳武、呼振源

"T"字头特种邮票					
志号	名称	发行日期	版别	枚数	雕刻者［E］
T.20	《开发矿业》	1978年12月29日	影雕套印	4	高品璋、孙鸿年、李庆发、姜伟杰
T.36	《铁路建设》	1979年10月30日	影雕套印	3	李庆发、姜伟杰
T.46	《庚申年》	1980年2月15日	影雕套印	1	姜伟杰
T.48	《植树造林，绿化祖国》	1980年3月12日	影雕套印	4	孙鸿年、阎炳武、李庆发、赵顺义
T.57	《白暨豚》	1980年12月25日	影雕套印	2	李庆发、姜伟杰
T.58	《辛酉年》	1981年1月5日	影雕套印	1	孙鸿年
T.65	《中国古代钱币》（第一组）	1981年10月29日	影雕套印	8	呼振源、阎炳武、赵顺义、高品璋、李庆发、孙鸿年

T.67	《庐山风景》	1981年7月20日	影雕套印	7	李庆发、孙鸿年、阎炳武、高品璋
T.70	《壬戌年》	1982年1月5日	影雕套印	1	高品璋
T.71	《中国古代钱币》（第二组）	1982年2月12日	影雕套印	8	孙鸿年、阎炳武、呼振源、李庆发、赵顺义、姜伟杰
T.75	《西周青铜器》	1982年12月25日	影雕套印	8	高品璋、孙鸿年、呼振源、阎炳武、赵顺义、李庆发、姜伟杰
T.80	《癸亥年》	1983年1月5日	影雕套印	1	赵顺义
T.82M	《西厢记》（小型张）	1983年2月21日	雕刻版	1	孙鸿年
T.84	《黄帝陵》	1983年4月5日	影雕套印	4	呼振源、高品璋、赵顺义
T.85	《扬子鳄》	1983年5月24日	影雕套印	2	李庆发、孙鸿年
T.90	《甲子年》	1984年1月5日	影雕套印	1	呼振源
T.96	《苏州园林—拙政园》	1984年6月30日	影雕套印	4	高品璋、孙鸿年、赵顺义、呼振源
T.100	《峨眉风光》	1984年11月16日	影雕套印	6	高品璋、孙鸿年、赵顺义、阎炳武、姜伟杰、呼振源
T.102	《乙丑年》	1985年1月5日	影雕套印	1	阎炳武
T.107	《丙寅年》	1986年1月5日	影雕套印	1	呼振源
T.112	《丁卯年》	1987年1月5日	影雕套印	1	孙鸿年
T.122M	《曾乙侯编钟》（小型张）	1987年12月10日	胶版、间接凹版	1	孙鸿年

T.124	《戊辰年》	1988年1月5日	影雕套印	1	群峰
T.130	《泰山》	1988年9月14日	影雕套印	4	高品璋、孙鸿年、阎炳武、呼振源
T.133	《己巳年》	1989年1月5日	影雕套印	1	呼振源
T.140	《华山》	1989年8月25日	影雕套印	4	呼振源、阎炳武、李庆发、姜伟杰
T.146	《庚午年》	1990年1月5日	影雕套印	1	呼振源
T.155	《衡山》	1990年11月5日	影雕套印	4	李庆发、姜伟杰、呼振源、阎炳武
T159	《辛未年》	1991年1月5日	影雕套印	1	呼振源
T163	《恒山》	1991年7月20日	影雕套印	4	呼振源、阎炳武、李庆发、姜伟杰

按年份编号纪念、特种邮票（1992—2017）					
志号	名称	发行日期	版别	枚数	雕刻者［E］
1992-1	《壬申年》T	1992年1月25日	影雕套印	2	呼振源
1993-1	《癸酉年》T	1993年1月5日	影雕套印	2	呼振源、阎炳武、李庆发、姜伟杰
1994-1	《甲戌年》T	1994年1月5日	影雕套印	2	呼振源、阎炳武、李庆发、姜伟杰
1994-15	《鹤》（中国和美国联合发行）T	1994年10月9日	影雕套印	2	呼振源、阎炳武、李庆发、姜伟杰
1994-21	《中国古塔》T	1994年12月15日	影雕套印	4	李庆发、姜伟杰

1994-21M	《中国古塔》（小全张）T	1994年12月15日	影雕套印	1	李庆发、姜伟杰
1995-1	《乙亥年》T	1995年1月5日	影雕套印	1	阎炳武、呼振源
1995-15	《珍稀动物》（中国和澳大利亚联合发行）T	1995年9月1日	影雕套印	2	阎炳武、呼振源
1995-23	《嵩山》T	1995年11月10日	影雕套印	4	呼振源、阎炳武、李庆发、姜伟杰
1996-1	《丙子年》T	1996年1月5日	影雕套印	2	李庆发、姜伟杰
1996-26	《上海浦东》T	1996年9月21日	胶雕套印	6	葛国龙、杨渭森、徐文霖、徐永才、赵启明、鲁琴珍
1996-26M	《上海浦东》（小型张）T	1996年9月21日	胶雕套印	1	李斌
1997-1	《丁丑年》T	1997年1月5日	影雕套印	2	呼振源
1997-7	《珍禽》（中国和瑞典联合发行）T	1997年5月9日	影雕套印	2	塞斯罗·斯拉尼亚[瑞典]
1998-1	《戊寅年》T	1998年1月5日	影雕套印	2	姜伟杰、李庆发
1999-1	《己卯年》T	1999年1月5日	影雕套印	2	呼振源
2000-1	《庚辰年》T	2000年1月5日	影雕套印	2	李庆发、姜伟杰
2000-20	《古代思想家》J	2000年11月11日	影雕套印	4	姜伟杰、呼振源、李庆发、阎炳武、郝欧

366

2001-2	《辛巳年》T	2001年1月5日	影雕套印	2	呼振源
2001-19	《芜湖长江大桥》T	2001年9月20日	影雕套印	2	郝欧
2001-25	《六盘山》T	2001年11月24日	影雕套印	4	郝欧、阎炳武、呼振源、李庆发、姜伟杰
2002-1	《壬午年》T	2002年1月5日	影雕套印	2	李庆发、姜伟杰、郝欧
2002-10	《历史文物灯塔》T	2002年5月18日	影雕套印	5	呼振源、阎炳武、姜伟杰、李庆发、郝欧
2002-18	《中国古代科学家》（第四组）J	2002年8月20日	影雕套印	4	呼振源、阎炳武、姜伟杰、李庆发、郝欧
2002-22	《亭台与城堡》（中国与斯洛伐克联合发行）T	2002年10月12日	影雕套印	2	李庆发、姜伟杰
2002-27	《长臂猿》T	2002年12月7日	影雕套印	4	阎炳武、呼振源、姜伟杰、李庆发、郝欧
2003-1	《癸未年》T	2003年1月5日	影雕套印	2	李庆发、姜伟杰
2003-5	《中国古桥——拱桥》T	2003年3月29日	影雕套印	4	姜伟杰、李庆发
2003-7M	《乐山大佛》（小型张）T	2003年4月28日	影雕套印	1	阎炳武
2003-12	《藏羚》T	2003年7月20日	影雕套印	2	呼振源

2003-25	《毛泽东同志诞生一百一十周年》J	2003年12月6日	胶雕套印	4	徐永才、马荣、孔维云、刘益民
2003-26	《东周青铜器》T	2003年12月13日	影雕套印	8	李庆发、姜伟杰、阎炳武、郝欧
2004-3	《邓颖超同志诞生一百周年》J	2004年2月4日	胶雕套印	2	马荣
2004-8	《丹霞山》T	2004年5月1日	胶雕套印	4	刘益民、孔维云、马荣、徐永才
2004-13	《皖南村落—西递、宏村》T	2004年6月25日	影雕套印	4	呼振源、李庆发、姜伟杰、郝欧
2004-26	《清明上河图》T	2004年10月18日	胶雕套印	9	北京邮票厂
2004-28	《中国古代书法—隶书》T	2004年12月5日	影雕套印	4	北京邮票厂
2005-3	《台湾古迹》T	2005年1月30日	胶雕套印	5	北京邮票厂
2005-11	《复旦大学建校一百周年》T	2005年5月27日	胶雕、压凸	1	河南邮电印刷厂
2005-13	《郑和下西洋600周年》J	2005年6月28日	胶雕套印	3	李庆发、姜伟杰
2005-13M	《郑和下西洋600周年》（小型张）J	2005年6月28日	胶雕套印	1	呼振源
2005-14	《南通博物苑》T	2005年7月16日	影雕套印	2	阎炳武
2005-20	《中国人民解放军大将》J	2005年9月27日	胶雕套印	10	姜伟杰
2005-25	《洛神赋图》T	2005年9月28日	胶雕套印	10	河南邮电印刷厂
2006-2	《武强木版年画》T	2006年1月22日	胶雕套印	4	河南邮电印刷厂

2006-6	《犬》T	2006年3月19日	胶雕套印	4	赵亚云
2006-7	《青城山》T	2006年4月12日	胶雕套印	4	姜伟杰、郝欧
2006-9	《天柱山》T	2006年4月22日	影雕套印	4	呼振源
2006-11	《中国现代科学家》（四）J	2006年5月13日	胶雕套印	4	徐永才、马荣、孔维云、刘益民
2006-14	《中国共产党早期领导人》（二）J	2006年6月30日	胶雕套印	5	姜伟杰
2006-28	《孙中山诞生一百四十周年》	2006年11月12日	胶雕套印	4	阎炳武
2007-4	《绵竹木版年画》T	2007年2月10日	胶雕套印	4	赵川、孔维云、马荣、韩纪宗
2007-18	《杨尚昆诞生一百周年》J	2007年7月5日	影雕套印	2	北京邮票厂
2007-20M	《中华全国集邮联合会第六次代表大会》（小型张）J	2007年7月28日	胶雕套印	1	北京邮票厂
2007-28	《长江三峡库区古迹》T	2007年10月13日	胶雕套印	4	姜伟杰
2008-10	《颐和园》T	2008年5月10日	胶雕套印	6	钱志敏、徐永才、宗伟雄、马荣、孔维云、张宇、彭巍栋
2008-10M	《颐和园》（小型张）T	2008年5月11日	胶雕套印	1	鲁琴珍

2009-20	《唐诗三百首》T	2009年9月13日	胶雕、丝印	6	河南邮电印刷厂
2010-19	《外国音乐家》（一）J	2010年7月25日	胶雕套印	4	马丁·莫克[丹麦]
2010-26	《朱熹诞生八百八十周年》J	2010年10月22日	胶雕套印	2	阎炳武
2011-30	《古代天文仪器》T（中国和丹麦联合发行）	2011年12月10日	胶雕套印	2	马丁·莫克[丹麦]
2012-14	《红色足迹》T	2012年6月30日	胶雕套印	6	阎炳武
2012-16	《国家博物馆》T	2012年7月8日	胶雕套印	2	郑可新、马荣（票中票雕刻者：孔绍惠、唐霖坤）
2013-3	《毛泽东"向雷锋同志学习"题词发表五十周年》J	2013年3月5日	胶雕套印	4	刘益民、白金、赵川、马荣
2013-12	《中国古镇》（一）	2013年5月19日	胶雕套印	15	北京邮票厂
2013-17	《猫》T	2013年8月18日	胶雕套印	1	马丁·莫克[丹麦]
2013-21	《豫园》T	2013年2月1日	胶雕套印	4	刘益民、白金、马荣、尹海蓉
2013-27	《习仲勋同志诞生一百周年》J	2013年10月15日	胶雕套印	2	刘益民、马荣
2014-2	《猛禽》（二）T	2014年2月3日	胶雕套印	4	刘明慧、原艺珊、刘博、杨志英
2014-3	《中法建交五十周年》（中国与法国联合发行）J	2014年3月27日	胶雕套印	2	北京邮票厂机雕

2014-9	《鸿雁传书》T	2014年5月10日	胶雕套印	1	尹晓飞
2014-12	《纪念黄埔军校建校九十周年》J	2014年6月16日	胶雕套印	1	刘博、徐喆
2014-17	《邓小平同志诞生一百一十周年》J	2014年8月22日	版式二胶雕套印	4	李昊、刘明慧、刘博、杨志英
2015-6	《中国古代文学家》（四）J	2015年4月4日	胶雕套印	6	董琪、李昊、原艺珊、于雪、徐哲、刘博
2015-7	《瘦西湖》T	2015年4月18日	胶雕套印	3	尹海蓉、张宇、宗伟雄（版式二边饰雕刻者：马荣）
2015-13	《钱塘江大潮》T	2015年7月1日	胶雕套印	3	赵川、尹海蓉、钱志敏
2015-14	《清源山》T	2015年7月18日	胶雕套印	3	尹晓飞、刘明慧、于雪
2015-18	《鸳鸯》T	2015年8月20日	胶雕套印	1	钱志敏
2015-27	《诗词歌赋》	2015年1月12日	胶雕套印	4	尹海蓉、马荣、白金、刘益民
2016-1	《丙申年》T	2016年1月5日	胶雕套印	2	赵川、马荣
2016-3	《刘海粟作品选》T	2016年3月16日	（三图）胶雕套印	3	刘益民
2016-7	《世界法医学奠基人——宋慈》T	2016年4月13日	胶雕套印	2	白金、刘益民
2016-12	《中国古镇》（二）T	2016年5月19日	胶雕套印	6	郝欧
2016-17	《殷墟》T	2016年7月13日	胶雕套印	3	牛凯、白金

2016-21	《相思鸟》T	2016年8月9日	胶雕套印	1	马荣
2016-22	《长城》T	2016年8月20日	胶雕套印	9	郝欧
2017-1	《丁酉年》T	2017年1月5日	胶雕套印	2	刘明慧、郝欧
2017-11	《中国恐龙》T	2017年5月19日	胶雕套印	6	郝欧、徐喆、李昊、刘明慧、刘博、杨志英
2017-13	《儿童游戏》（一）T	2017年5月31日	胶雕套印	6	白金、尹海蓉、赵川、刘益民、牛凯、马荣
2017-17	《凤（文物）》T	2017年7月29日	胶雕套印	6	（二图）白金
2017-21	《喜鹊》T	2017年8月28日	胶雕套印	1	牛凯
2017-22	《外国音乐家》（二）J	2017年9月9日	胶雕套印	4	马丁·莫克 [丹麦]
2017-28	《沧州铁狮子与巴肯寺狮子》（中国——柬埔寨联合发行）T	2017年11月16日	胶雕套印	2	尹海蓉、牛凯